果蔬施肥新技术丛书

葱蒜类蔬菜科学施肥

编著者
王献杰　郑华美　曹荣利
李建勇　徐目芳　高中强

金盾出版社

内容提要

本书由山东省农业技术推广总站蔬菜专家编著。内容包括:葱蒜类蔬菜科学施肥的基本知识,葱蒜类蔬菜科学施肥方法与原则,大葱科学施肥技术,大蒜科学施肥技术,韭菜科学施肥技术和洋葱科学施肥技术等。本书内容全面系统,科学性实用性强,适合广大菜农和基层农业推广人员学习使用,也可供农业院校相关专业师生阅读参考。

图书在版编目(CIP)数据

葱蒜类蔬菜科学施肥/王献杰等编著.—北京:金盾出版社,2013.12

(果蔬施肥新技术丛书)

ISBN 978-7-5082-8801-7

Ⅰ.①葱…　Ⅱ.①王…　Ⅲ.①鳞茎类蔬菜—施肥　Ⅳ.①S633.06

中国版本图书馆 CIP 数据核字(2013)第 222770 号

金盾出版社出版、总发行

北京太平路 5 号(地铁万寿路站往南)

邮政编码:100036　电话:68214039　83219215

传真:68276683　网址:www.jdcbs.cn

封面印刷:北京凌奇印刷有限责任公司

正文印刷:北京军迪印刷有限责任公司

装订:兴浩装订厂

各地新华书店经销

开本:850×1168 1/32　印张:3.875　字数:93 千字

2013 年 12 月第 1 版第 1 次印刷

印数:1～8 000 册　定价:9.00 元

目录

第一章　葱蒜类蔬菜科学施肥的基本知识

一、植物必需营养元素的概念、种类

(一)植物必需营养元素的概念

植物正常生长发育需要水分、养分、空气、光照和热量。施肥是为了调控植物需要的养分。新鲜的植物体内一般含水70%～95%,因植物种类、年龄、部位的不同而有较大差异。幼嫩的茎叶含水量高,老熟的茎秆含水量较低,种子的含水量更低。新鲜的植株干燥后是干物质。干物质含有无机物和有机物两类物质。当燃烧干物质时,有机物氧化,散发到空气中的主要元素是碳、氢、氧和氮,残留下来的是灰分,一般只有干物质重量的5%左右,经分析其中含有几十种元素。几乎地壳中含有的元素在灰分中都能找到,只是有些元素的含量极低。植物体内含有的化学元素并非都是植物必需的营养元素,在植物体内含量的高低也不能作为植物是否需要的标准。

根据植物自身化学分析,组成植物体的化学元素有70余种。虽然其中有些化学元素对植物具有直接或间接的营养作用,但只有那些为作物的正常生命活动所必需,并同时符合下列条件的化学元素,才能称为植物的必需营养元素。

1. 必要性　这种化学元素对所有植物的生长发育是不可缺少的。缺少这种元素,植物就不能完成其生命周期。

2. 不可替代性　缺乏这种元素后,植物会表现出特有的症状,而且其他任何一种化学元素都不能代替其作用,只有补充这种元素后症状才能减轻或消失。

3. 直接性 这种元素必须是直接参与植物的新陈代谢，对植物起直接的营养作用，而不是改善环境的间接作用。

凡是同时符合以上3个条件者，均为必需营养元素，反之为非必需营养元素。

目前，已证明为植物生长所必需的营养元素有C（碳）、H（氢）、O（氧）、N（氮）、P（磷）、K（钾）、Ca（钙）、Mg（镁）、S（硫）、Fe（铁）、Mn（锰）、Cu（铜）、Zn（锌）、B（硼）、Mo（钼）、Cl（氯）共16种。在16种营养元素之外，还有一类营养元素，它们对植物的生长发育具有良好的作用，或为某些植物在特定条件下所必需，但不是所有植物所必需，称之为有益元素，其中主要包括：Si（硅）、Na（钠）、Co（钴）、Se（硒）、Ni（镍）、Al（铝）等。如藜科（菠菜）、茄科的番茄植物需要钠，豆科植物需要钴，蕨类植物和茶树需要铝，硅藻和水稻都需要硅，紫云英需要硒等。只是限于目前的科学技术水准，尚未证实它们是否为高等植物普遍所必需。所以，称这些元素为有益元素。

（二）植物必需营养元素的种类

目前，国内外公认的高等植物必需的营养元素有16种，通常根据这些营养元素在植物体内含量的多少，划分为大量营养元素和微量元素。大量营养元素一般占干物质重量的0.1%以上，它们是碳、氢、氧、氮、磷、钾、钙、镁和硫9种；微量营养元素的含量一般在0.1%以下，它们是铁、锰、锌、铜、硼、钼和氯7种。也有人把钙、镁、硫称为中量营养元素的。碳、氧、氢在植物体中的含量虽然很高，由于它们来自空气中的氧、二氧化碳和水比较容易获得，植物一般不会缺，空气中4/5是氮，但绝大多数植物不能直接利用空气中的氮，只有少数植物，如豆科植物等，通过根瘤能固定空气中的氮。营养元素硫也有部分来自空气，其他营养元素均来自土壤。植物需要氮、磷、

钾3种营养元素的量比较多，而土壤中可供植物吸收利用的量比较少，往往需要施肥加以补充，通称肥料三要素。

二、各种必需营养元素的生理功能

每一种营养元素在植物体内的含量差异很大，但都有各自独特的生理功能，对植物生长、发育来说都具有同等重要和不可替代的作用。

（一）氮的生理功能

氮是蛋白质、核酸、磷脂的主要成分，而这三者又是原生质、细胞核和生物膜的重要组成部分，它们在生命活动中占有特殊作用。因此，氮被称为生命的元素。氮是许多辅酶和辅基如NAD^+、$NADP^+$、FAD等分子结构的组成成分。氮还是某些植物激素（如生长素和细胞分裂素）、维生素（如维生素B_1、维生素B_2、维生素B_6、烟酸等）的成分，它们对生命活动起调节作用。氮是叶绿素的成分，与光合作用有密切关系。此外，植物次生代谢的许多中间产物的分子结构中也有氮元素。氮的多少会直接影响细胞的分裂和生长。

作物缺氮时由于蛋白质形成减少，细胞小而壁厚，特别是细胞分裂减少，造成生长缓慢，植株矮小。同时，缺氮引起叶绿素含量降低，使叶片绿色转淡；严重缺氮时，叶色变黄。失绿的叶片色泽均一，一般不出现斑点或花斑。因为植物体内的氮素化合物有高度的移动性，能从老叶转移到幼叶，所以缺氮症状先从老叶开始，逐渐扩展到上部幼叶。这与受旱叶片变黄不同，后者几乎同株上、下叶片同时变黄。有些作物如番茄和某些玉米品种，缺氮时由于体内花青苷的积累，其叶脉和叶柄上出现深紫色。

氮素过多容易促进植株体内蛋白质和叶绿素的大量形成，使营养体徒长，叶面积增大，叶色浓绿，叶片下披相互遮阴，影响通风透光。过量的氮素使植株体内碳水化合物消耗过多，纤维素、木质素等合成减少，茎秆变得嫩弱，容易倒伏，并因体内可溶性含氮化合物积累较多，而易遭病虫害危害。作物贪青晚熟，籽粒不充实。苹果树体内氮素过多，则枝叶徒长，不能充分进行花芽分化，果实着色不良，延迟成熟。

（二）磷的生理功能

磷是核酸、核蛋白和磷脂的主要成分，它与蛋白质合成、细胞分裂、细胞生长、细胞信号传导、基因表达调控等过程有密切关系；磷是许多辅酶如 NAD^+、$NADP^+$ 和 ATP 的成分；磷还参与碳水化合物的代谢和运输，如在光合作用和呼吸作用过程中，糖的合成、转化、降解大多是在磷酸化后才起反应的；磷对氮代谢也有重要作用，如硝酸还原有 NAD^+ 和 FAD 的参与，而磷酸吡哆醛和磷酸吡哆胺则参与氨基酸的转化；磷与脂肪转化也有关，脂肪代谢需要 NADPH、ATP、CoA 和 NAD^+ 的参与。

由于磷参与多种代谢过程，而且在生命活动最旺盛的分生组织中含量很高。因此，施磷对分蘖、分枝以及根系生长都有良好作用。由于磷促进碳水化合物的合成、转化和运输，对种子、块根、块茎的生长有利，故马铃薯、甘薯和和谷类作物施磷后有明显的增产效果。由于磷与氮有密切关系，所以缺氮时，磷的效果就不能充分发挥。只有氮、磷配合施用，才能充分发挥磷肥效果。总之，磷对植物生长发育有重大的作用，是仅次于氮的第二个重要元素。

缺磷影响细胞分裂，导致分蘖、分枝减少，幼叶、幼芽生长停滞，茎、根纤细，植株矮小，花果脱落，成熟延迟；缺磷时蛋白质合成下降，糖的运输受阻，从而使营养器官中糖的含量相对提高，这有利于花青素形成，故缺磷时叶片呈现暗绿色或紫红色，这是缺磷的典型表现。

磷在植物体内易移动，也能重复利用，缺磷时老叶中的磷大部分转移到正在生长的幼嫩组织中去。因此，缺磷的症状首先在下部老叶出现，并逐渐向上发展。

磷肥过多时，叶上会出现小焦斑，这是磷酸钙沉淀所致；磷过多还会妨碍植株对硅的吸收，易招致水稻感病。水溶性磷酸盐还可与土壤中的锌结合，减少锌的有效性，故磷过多易引起缺锌症。

(三)钾的生理功能

钾在细胞内可作为60多种酶的活化剂，如丙酮酸激酶、果糖激酶、苹果酸脱氢酶、琥珀酸脱氢酶、淀粉合成酶、琥珀酰CoA合成酶、谷胱甘肽合成酶等。因此，钾在碳水化合物代谢、呼吸作用及蛋白质代谢中起重要作用。

钾能促进蛋白质的合成，钾充足时，形成的蛋白质较多，从而使可溶性氮减少。

钾与糖类的合成有关，钾素充足时，蔗糖、淀粉、纤维素和木质素含量较高，葡萄糖积累则较少。钾也能促进糖类运输到储藏器官中，所以在富含糖类的储藏器官（如马铃薯的块茎、甜菜根和作物种子）中含钾较多。此外，韧皮部汁液中含有较高浓度的钾，约占韧皮部阳离子总量的80%，从而表明钾对韧皮部运输也有作用。

钾是大多数植物活细胞中含量最高的离子，因此也是调节植物细胞渗透压的最重要组分。在根内，K^+（钾离子）从薄壁细胞转运至木质部，从而降低了木质部的水势，使水分能从根系表面转运到木质部中去；K^+对气孔开放有直接作用；离子态的钾，有使原生质胶体膨胀的作用，故施钾能提高作物的抗旱性。

缺钾时，植株茎秆柔弱，易倒伏，抗寒、抗旱性降低，叶片失水，蛋白质、叶绿素破坏，叶片变黄而逐渐坏死。缺钾时还会出现叶缘焦枯，生长缓慢等现象，由于叶中部生长仍较快，所以整个叶片会形成杯状弯曲，或发生皱缩。钾也是易移动可被重复利用的元素，故缺钾症状首先出现在下部老叶片。

(四)钙的生理功能

钙是细胞壁中胶层果胶酸钙的成分，因此缺钙时细胞分裂不能进行或不能完成，而形成多核细胞。钙离子能作为磷脂中的磷酸与蛋白质的原基间连接的桥梁，具有稳定膜结构的作用。

钙对植物抗病有一定作用。据报道，至少有 40 多种水果和蔬菜的生理病害是因低钙引起的。苹果果皮的疮痂病会使果皮受到伤害，但如果供钙充足，则易形成愈伤组织。钙可与植物体内的草酸形成草酸钙结晶，消除过量草酸对植物(特别是一些含酸量高的肉质植物)的毒害。钙也是一些酶的活化剂，如由 ATP 水解酶、磷脂水解酶等催化的反应都需要钙离子的参与。植物细胞质中存在多种能与 Ca^{2+}(钙离子)有特殊结合能力的钙结合蛋白质，其中一种钙调素与 Ca^{2+} 结合形成复合体，钙是植物细胞信号传导过程的重要第二信使，通过它的浓度变化，能把胞外信号转变为胞内信号，用以启动、调整或制止胞内某些生理活动。此外，钙与蛋白质相结合是质膜的重要组分；钙对碳水化合物的转化和氮素代谢有良好作用；钙离子能降低原生胶体的分散度；钙能抑制真菌的侵袭，消除某些离子过多所产生的危害，如酸性土壤，钙能减少氢离子、铝离子；碱性土壤，钙可减少钠离子。常在酸性土壤上施用石灰、在碱性土壤上施用石膏，可以改良土壤。钙在作物内易形成不溶性的钙盐沉淀而固定，成为不能转移和再度利用的养分。作物缺钙往往不是土壤供钙不足而引起的，主要是由于作物对钙的吸收和转移受阻而出现的生理失调。

(五)镁的生理功能

镁是一切绿色作物所不可缺少的元素，它是叶绿素的组分；镁是

许多酶的活化剂，能加强酶的催化作用，有助于促进碳水化合物的代谢和作物的吸收利用；镁对作物体内的磷酸盐的转移有密切关系，镁离子既能激发许多磷酸转移酶的活性，又可作为磷酸的载体促进磷酸盐在作物体内转移；作物生长初期，镁大多存在于叶片中，到结实期就开始转向种子，并以植酸盐的形式储藏起来；镁能促进腺二磷合成腺三磷，因此含磷多的作物，镁的含量也多；镁参与脂肪代谢；镁还能促进作物合成维生素 A 和维生素 C，从而有利于提高果品和蔬菜的品质。镁在作物体内移动性较强，可向新生组织中转移，一般在幼嫩组织中含镁较多。镁是叶绿素和植酸盐（磷酸的储藏形态）的成分，能促进磷酸酶和葡萄糖转化酶的活化，有利于单糖的转化，因而在碳水化合物代谢过程中起着很重要的作用。镁是可以再利用的养分元素之一。

（六）硫的生理功能

硫是构成蛋白质的重要元素；在作物体内，硫是构成半胱氨酸、胱氨酸和蛋氨酸的成分；在作物体内，含硫的有机物参与氧化还原过程；硫对叶绿素的形成有一定作用，缺硫时叶绿素含量降低、叶色淡绿，严重时叶色黄白、叶片寿命缩短。硫以氧化态形式进入作物体内，但在形成氨基酸等化合物过程中，通常被还原为硫氢基，这些氧化还原反应大都在叶片中进行。

（七）铁的生理功能

铁是叶绿素形成不可缺少的条件，直接或间接地参与叶绿体蛋白质的形成。作物体内许多呼吸酶都含有铁，铁能促进作物呼吸，加速生理的氧化。

植物缺铁总是从幼叶开始。典型的症状是在叶片的叶脉间和细胞网状组织中出现失绿现象，在叶片上往往明显可见叶脉深绿而脉间黄化，黄绿相间相当明显。严重缺铁时，叶片上出现坏死斑点，叶片逐渐枯死。此外，缺铁时根系中还可能出现有机酸的积累，其中主要是苹果酸和柠檬酸。因为缺铁时，含铁的乌头酸酶活性降低，使有机酸的代谢不能正常进行。由于植物种类不同，它们的缺铁临界浓度也有差异，通常水稻为 80 毫克/千克、玉米为 15.2 毫克/千克、棉花则为 30～50 毫克/千克。

（八）硼的生理功能

硼并不是作物体内的组成物质，但对作物生理过程有特殊作用。硼有增强作物疏导组织的作用，能促进碳水化合物的正常运转；硼能促进生长素的运转；硼能促进生殖器官的发育，有利于授粉受精，保花保果；硼有利于蛋白质合成和豆科作物的固氮；一般来说，豆科作物需硼比禾本科作物多，多年生作物比 1 年生作物需硼量大。大多数作物需硼与不需硼之间的含量范围很窄，过多和不足都会造成危害，因此用量必须严格控制。

（九）锰的生理功能

锰是多种酶（如脱氢酶、脱羧酶、激酶、氧化酶和过氧化物酶）的活化剂，尤其是影响糖酵解和三羧酯循环，与光合作用和呼吸作用均有关。它还是硝酸还原酶的辅助因子，缺锰时硝酸不能还原成氨，植物不能合成氨基酸和蛋白质。

植物锰元素缺乏时，叶脉间缺绿，伴随小坏死点的产生，但叶脉仍保持绿色，此为缺锰与缺铁的主要区别。缺锰会在嫩叶或老叶出现，依植物种类和生长速率而定。

（十）铜的生理功能

铜是作物体内各种氧化酶活化基的核心元素，在催化作物体内

氧化还原反应方面起着重要作用。铜能增加叶绿体的稳定性，并促进花器官的发育，含铜酶与蛋白质的合成有关。

铜离子形成稳定性络合物的能力很强，它能与氨基酸、肽、蛋白质及其他有机物质形成络合物，如各种含铜的酶和多种含铜蛋白质。含铜的酶类主要有超氧化物歧化酶、细胞色素氧化酶、多酚氧化酶、抗坏血酸氧化酶、吲哚乙酸氧化酶等。各种含铜酶和含铜蛋白质有着多方面的功能。

铜缺乏时，谷类作物老叶中的铜不能向花粉中转移，而导致雄性不育。由此可见，铜营养是关系到人类最重要的粮食生产问题，农业生产上对铜营养给予足够的重视是十分必要的。

（十一）锌的生理功能

锌是谷氨酸脱氢酶、乙醇脱氢酶的必要组分和活化剂，能促进碳酸分解过程，与作物光合作用、呼吸作用以及碳水化合物的合成、运转等过程有关。作物体内生长素的形成也与锌有关。

锌肥能提高子实产量和籽粒重量，提高作物的抗寒性和耐盐性。作物缺锌时，叶片失绿，光合作用减弱，植物生长发育停滞，叶片变小，节间缩短，形成“小叶簇生”等症状，产量降低。

（十二）钼的生理功能

钼与生物固氮作用的关系极为密切。根瘤菌、固氮菌固定空气中的游离氮素，需要钼黄素蛋白酶参加，而钼是钼黄素蛋白酶的成分之一。

钼是作物体内硝酸还原酶的成分，参与硝态氮的还原过程。植物将硝态氮吸入体内后，必须首先在硝酸还原酶等的作用下，转化成铵态氮之后，才能参与蛋白质的合成。在缺钼情况下，硝酸的还原反应受到阻碍，植株叶片内的硝酸盐便会大量累积，给蛋白质的合成带来困难。反之，施用钼肥可以促进作物对氮素，特别是硝态氮素的吸收利用，有利于蛋白质的合成。

钼有利于提高叶绿素的含量与稳定性，有利于光合作用的正常进行。

钼能改善碳水化合物，尤其是蔗糖从叶部向茎秆和生殖器官流动的能力，这对于促进植株的生长发育很有意义。施钼可促进小麦、水稻种子的萌发和幼苗的生长，提高棉花种子的发芽率，降低蕾铃脱落率，促进早结桃、早开花，从而提高籽棉的产量和品质。

钼能增强植物抗旱、抗害和抗病能力。据研究表明，钼能增加马铃薯上部叶片的含水量，以及玉米叶片的束缚水含量；调节春小麦在一天中的蒸腾强度，使早晨的蒸腾强度提高，白天其余时间的蒸腾强度降低。喷洒钼肥，可以使冬小麦的保水能力明显增强，这在一定程度上等于提高了冬小麦的抗旱能力。

（十三）氯的生理功能

氯参与光合作用，调节细胞的渗透压，并能增强作物对某些病害的抗性等，在植物体内氯以离子状态维持着各种生理平衡。另外，氯又参与水的光解反应，促进氧的释放。一般水中含有氯，所以营养液中不加氯。氯多时，叶片边缘干枯。

三、菜园土壤养分特点与肥力要求

（一）土壤性质与肥力特点

1. 土壤组成 土壤是由固相、液相和气相三相共同组成的多相体系，它们的相对含量因时、因地而异。

土壤固相包括土壤矿物质和土壤有机质。土壤矿物质占土壤的

绝大部分，占土壤固体总重量的90%以上。土壤有机质占固体总量的1%～10%，一般在可耕性土壤中约占5%，且绝大部分在土壤表层。土壤液相是指土壤中水分及其水溶物。土壤中无数孔隙充满空气，即土壤气相，典型土壤约有35%的体积是充满空气的孔隙，所以土壤具有疏松的结构。

2. 土壤矿物质　土壤矿物质是由岩石（母岩和母质）经过物理风化和化学风化形成的，它对土壤的性质、结构和功能影响很大。按其成因类型可分为原生矿物和次生矿物。

(1)*原生矿物*　原生矿物是直接来源于岩石受到不同程度的物理风化作用的碎屑，其化学成分和结晶构造未有改变。土壤原生矿物主要种类有：硅酸盐和铝酸盐类、氧化物类、硫化物和磷酸盐类，以及某些特别稳定的原生矿物（如石英、石膏、方解石等）。

(2)*次生矿物*　次生矿物是岩石风化和成土过程新生成的矿物，包括各种简单盐类，次生氧化物和铝硅酸盐类矿物等统称次生矿物。

次生矿物中的简单盐类属水溶性盐，易淋失，一般土壤中较少，多存在于盐渍土中。三氧化物类和次生铝硅酸盐是土壤矿物质中最细小的部分，一般称之为次生黏土矿物。土壤的很多物理、化学性质，如吸收性、膨胀收缩性、黏着性等都与土壤所含的黏土矿物，特别是次生铝硅酸盐的种类和数量有关。

3. 土壤有机质　土壤有机质是土壤中含碳有机化合物的总称。一般占固相总重量的10%以下，却是土壤的重要组成部分，是土壤形成的主要标志，对土壤性质有很大的影响。

土壤有机质主要来源于动植物和微生物残体。可分为两大类，一类是组成有机体的各种有机化合物，称为非腐殖物质，如蛋白质、碳水化合物、树脂、有机酸等；另一类是称为腐殖质的特殊有机化合物，它不属于有机化学中现有的任何一类，它包括腐殖酸、富里酸和腐黑物等。

4. 土壤水分 土壤水分是土壤的重要组成部分，主要来自大气降水和灌溉。在地下水位接近地面的（2～3 米）情况下，地下水也是上层土壤水分的重要来源。此外，空气中水蒸气遇冷凝成为土壤水分。

水进入土壤以后，由于土壤颗粒表面的吸附力和微细孔隙的毛细管力，可将一部分水保持住。但不同土壤保持水分的能力不同。沙土由于土质疏松，孔隙大，水分容易渗漏流失；黏土土质细密，孔隙小，水分不容易渗漏流失。气候条件对土壤水分含量影响也很大。

土壤水分实际上是土壤中各种成分和污染物溶解形成的溶液，即土壤溶液。因此，土壤水分既是植物养分的主要来源，也是进入土壤的各种污染物向其他环境圈层（如水圈、生物圈等）迁移的媒介。

5. 土壤空气 土壤空气组成与大气基本相似，主要成分都是氮气（N_2）、氧气（O_2）和二氧化碳（CO_2）。其差异是：

①土壤空气存在于相互隔离的土壤孔隙中，是一个不连续的体系。

②O_2 和 CO_2 含量有很大的差异。土壤空气中 CO_2 含量比空气中高得多。大气中 CO_2 含量为 0.02%～0.03%，而土壤空气含量一般为 0.15%～0.65%，甚至高达 5%，这主要是由于生物呼吸作用和有机物分解产生。氧的含量低于大气。

土壤空气中水蒸气的含量比大气中高得多。土壤空气中还含有还原性气体，如 CH_4（甲烷）、H_2S（硫化氢）、H_2（氢气）、NH_3（氨气）等。如果是被污染的土壤，其空气中还可能存在污染物。

6. 土壤温度 土壤温度是太阳辐射强度、土壤热量平衡和土壤热学性质共同作用的结果。因为太阳辐射强度是周期性变化的，所以地温的变化亦呈周期性。土壤温度变化滞后于气温变化，土层越深滞后越明显；地理位置和土壤性质不同，滞后的程度和土壤温度变化幅度以及涉及的土层深度等也有所不同。

7. 土壤肥力　土壤肥力是土壤为植物生长提供和协调营养条件和环境条件的能力，是土壤各种基本性质的综合表现，是土壤区别于成土母质和其他自然体的最本质的特征，也是土壤作为自然资源和农业生产资料的物质基础。土壤肥力按成因可分为自然肥力和人为肥力。前者指在五大成土因素（气候、生物、母质、地形和年龄）影响下形成的肥力，主要存在于未开垦的自然土壤；后者指长期在人为的耕作、施肥、灌溉和其他各种农事活动影响下表现出的肥力，主要存在于耕作（农田）土壤。

土壤肥力是土壤的基本属性和本质特征，是土壤为植物生长供应和协调养分、水分、空气和热量的能力，是土壤物理、化学和生物学性质的综合反映。四大肥力因素有养分、水分、空气和热量。

土壤肥力是土壤物理、化学、生物化学和物理化学特性的综合表现，也是土壤不同于母质的本质特性。包括自然肥力、人工肥力和二者相结合形成的经济肥力。自然肥力是由土壤母质、气候、生物、地形等自然因素的作用下形成的土壤肥力，是土壤的物理、化学和生物特征的综合表现。它的形成和发展，取决于各种自然因素质量、数量及其组合适当与否。自然肥力是自然再生产过程的产物，是土地生产力的基础，它能自发地生长天然植被。人工肥力是指通过人类生产活动，如耕作、施肥、灌溉、土壤改良等人为因素作用下形成的土壤肥力。土壤的自然肥力与人工肥力结合形成的经济肥力，才能用以为人类生产出充裕的农产品。经济肥力是自然肥力和人工肥力的统一，是在同一土壤上两种肥力相结合而形成的。土壤肥力经常处于动态变化之中，土壤肥力变好变坏既受自然气候等条件影响，也受栽培作物、耕作管理、灌溉施肥等农业技术措施以及社会经济制度和科学技术水平的制约。农业生产上，能为植物或农作物即时利用的自然肥力和人工肥力叫“有效肥力”，不能即时利用的叫“潜在肥力”。潜在肥力在一定条件下可转化为有效肥力。

8. 土壤的粒级分组　土壤矿物质是以大小不同的颗粒物状态存在的。不同粒径的土壤矿物质(即土粒),其性质和成分都不一样。在较细的土粒中,钙、镁、磷、钾等元素含量增加。一般来说,土粒越细,所含的养分越多;反之,则越少。为了研究方便,人们常按粒径的大小将土粒分为若干组,称为粒组或粒级,同组土粒的成分和性质基本一致,组间则有明显差异。

粒级的划分标准及详细程度,各国尚不一致,主要有3种不同的划分,即国际制、前苏联制和美国制。

9. 土壤的质地分组　自然界的土壤都是由许多大小不同的土粒,按不同的比例组合而成的,各粒级在土壤中所占的相对比例或重量百分数称为土壤的机械组成,也叫土壤质地。土壤质地分类是以土壤中各粒级含量的相对百分数作标准的。各国土壤质地的分类标准也不尽相同,主要有国际制、美国制和前苏联制。国际制和美国制均采用三级分类法,即按沙粒、粉沙粒、黏粒三种粒级的百分数,划分为沙土、壤土、黏壤土和黏土四类十二级。

土壤质地可在一定程度上反映土壤矿物组成和化学组成,同时土壤颗粒大小还与土壤的物理性质有密切关系,并且影响土壤孔隙状况,因此对土壤水分、空气、热量的运动和养分转化均有很大的影响。质地不同的土壤表现出不同的性状。壤土兼有沙土和黏土的优点,而克服了二者的缺点,是理想的土壤质地。

(二)露地菜园土壤特性与肥力要求

1. 露地菜园土壤的基本性质　露地菜园土壤与其他农田土壤相比,由于蔬菜的施肥量大于农作物的施肥量,所以菜园土壤有机质含量较高;土壤的阳离子交换量相差很大;pH值为5.96～8.24。

2. 露地菜园土壤的肥力要求　露地菜园土壤养分富集明显,耕层有机质、全氮、速效磷含量高于大田土壤1～6倍,土壤养分富集顺

序为:速效磷>全氮>有机质>全磷>速效钾>速效氮。速效磷大量富集是其最明显的特征,土壤全钾含量略有下降,速效钾含量略有增加。

(1)氮　土壤全氮含量反映了土壤氮素肥力的部分状况。露地菜园土壤的全氮含量变幅为 0.79～2.09 克/千克。一般农作物对土壤氮素供应的依赖率为 50%左右,而蔬菜需氮量大,生长期较短,复种指数高,因而对肥料氮的依赖率要大于一般农作物。

(2)磷　露地菜园土壤全磷含量的变幅为 0.56～1.79 克/千克,速效磷含量 36.3～144.9 毫克/千克,均在中等水平以上,菜地一贯重视磷肥的施用,且土壤磷素易于积累,所以除某些新菜地外,一般并不缺磷。

(3)钾　露地菜园土壤的全钾含量变幅为 2.74～20.91 克/千克,速效钾含量变幅为 69.1～213.5 毫克/千克。由于蔬菜需钾量大、复种指数高,所以土壤普遍缺钾。

(4)钙　露地菜园土壤的交换性钙含量变幅为 65.9～1 306 毫克/千克,交换性钙含量主要决定于成土母质、淋溶程度和耕作措施。一些蔬菜因缺钙会导致生理性病害增加,如大白菜、甘蓝等常出现"烧边"和"干烧心"等现象,均与土壤供钙不足有关。

(三)设施菜园土壤特性与肥力要求

1. 设施菜园土壤基本性质　设施菜园土壤长期施用有机肥,特别加上磷肥的施用,全磷明显富集,从而造成土壤养分的极度不平衡。长期偏施氮肥造成土壤 pH 值降低,交换性盐基总量明显降低,而交换性氢增加,加剧了土壤的酸化,土壤的缓冲性变小,从而使土壤肥力降低。温室内部完全阻隔大自然降雨的淋洗,室内气温以及地温较高,作物及土壤的水分蒸发量较大,加上连年施入大量的有机肥及化肥,土壤中可溶性盐分逐年积累,且随着土壤水分自下而上的运动，盐分聚集于土壤表层，很容易出现盐分浓度的生理障碍，严重时可达到次生盐渍化的程度，对蔬菜生产造成严重威胁。

2. 设施菜园土壤的肥力要求 温室蔬菜栽培以防治土壤的盐分积累以及养分平衡的破坏为中心，除了重视有机肥的施用、打好土壤培肥的基础以及严格实行测土施肥外，还要采取一些必要的措施减缓次生盐渍化的过程，避免盐分浓度障碍的发生。

四、常用肥料及新型肥料

肥料是人们用以调节植物营养与培肥改土的一类物质，有"植物的粮食"之称。自人类定居并从事农业生产以来，人们通过自己的实践，不断地认识到，施用肥料是作物获得高产、优质必不可少的技术措施，对人类的生存有重大的意义。

肥料按来源性质分为有机肥料和无机肥料

（一）有机肥料

有机肥料是天然有机质经微生物分解或发酵而成的一类肥料，又称农家肥，其特点是：原料来源广，数量大；养分全，含量低；肥效迟而长，须经微生物分解转化后才能为植物所吸收；改土培肥效果好。常用的自然肥料品种有粪尿肥、厩肥、堆肥、沤肥、绿肥、沼气肥和废弃物肥料等。

1. 粪尿肥 粪尿肥和厩肥一直是我国普遍施用的重要有机肥之一，其数量很大。据统计，1980 年，猪粪、羊粪、牛粪和禽类提供的 N（氮）、P_2O_5（五氧化二磷）、K_2O（氧化钾）分别相当于 1979 年全国 N、P、K 化肥销售量的 1.94 倍、3.05 倍和 136.6 倍。1995 年，我国产生的猪粪、羊粪、牛粪和禽粪提供的 N 为 715 万吨、P_2O_5 为 547 万吨、K_2O 为 424 万吨，这类肥源的数量将随着人口的增加和畜牧业

的发展而增加。

(1)人粪　人粪是食物经消化后未被吸收排除出外的物质，主要是纤维素和半纤维素、脂肪和脂肪酸、蛋白质和分解蛋白、氨基酸、各类酶、粪胆质及少量粪臭质、吲哚、硫化氢、丁酸等臭味物质，约含5%的灰分，主要是硅酸盐、碳酸盐、氯化物及钙、镁、钾、钠等盐类；还含有大量已死亡的和活的微生物和寄生虫卵等。新鲜的人粪尿常显中性反应。此外，还含有一定数量植物必需的多种养分，且多以有机态存在，由于C/N(碳氮比)小，易分解，能较快地供应养分。

(2)人尿　人尿是被消化后并参与新陈代谢后排出的液体，主要成分为水和水溶性物质。其中，尿素占1%～2%，氯化钠约占1%，还有少量肌酐、氨基酸、磷酸盐、铵盐等。此外，还有微量的生长素(如吲哚乙酸)和微量元素等。由于含有有机酸和酸性磷酸盐，故显弱酸性。人粪尿养分平均含量见表1。

表1　人粪尿养分平均含量表　(%)

项　目	水　分	有机质	矿物质	N	P_2O_5	K_2O	CaO	C/N
人　粪	75.0	22.1	2.9	1.5	1.1	0.5	1.0	7.3
人　尿	97.0	2.0	1.0	0.6	0.1	0.2	0.3	1.3

由上可知，人粪尿是含有机质较少的、偏氮的、速效性的有机肥料，习惯上作为氮肥施用。由于粪便中含有大肠杆菌等病原微生物及寄生虫卵，施用前必须进行无害化处理。一般是在化粪池里进行厌氧发酵。

(3)家畜粪便

①家畜粪尿的养分含量及其形态　畜粪是饲料经消化后排出的物质，其成分主要是纤维素、半纤维素、木质素、蛋白质及其分解产物，如脂肪酸、有机酸以及某些无机盐类。尿是经消化吸收后排出的液体，其成分是水和水溶性物质，主要含有尿素、尿酸、马尿酸和钾、

钠、钙和镁的无机盐。粪尿中含有一定数量的有机质和氮、磷、钾及微量元素，还含钙 0.11%～3.4%、镁 0.07%～0.26%、硫 0.05%～0.28%等。家畜粪尿的养分平均含量见表 2。

表 2　家畜粪尿的养分平均含量　(%)

项目		水分	有机质	N	P_2O_5	K_2O
猪	粪	82	15.0	0.56	0.40	0.44
	尿	92	2.5	0.12	0.12	0.95
牛	粪	83	14.5	0.32	0.25	0.15
	尿	94	3.0	0.50	0.03	0.65
马	粪	76	20.0	0.55	0.30	0.24
	尿	90	6.5	1.20	0.01	1.50
羊	粪	65	28.0	0.65	0.50	0.25
	尿	87	7.2	1.40	0.03	2.10

②不同畜粪的特点

猪粪：由于猪的饲料相对较细，粪中纤维素较少，含蜡质较多，质地较细，C/N 较低，但含水量较多，纤维素分解菌少，分解较慢，产生的热量较少。阳离子交换量高，吸附能力较强。

牛粪：牛是反刍动物，饲料可反复消化，粪质细密，含水量大。C/N 约 21∶1，分解比猪粪慢，腐熟过程中产生的热量少，故有"冷性肥料"之称。

马粪和羊粪：马粪疏松多孔，纤维含量高，并含有较多的高温纤维分解细菌，C/N 约为 13∶1，含水分较少，腐熟过程中能产生较多的热量，故有热性肥料之称。羊粪的性质与马粪相似，粪干燥而致密，C/N 约为 12∶1，也属热性肥料。

(4)其他动物粪肥

①兔粪　兔粪呈长圆形,色黑,质硬,其中氮、磷、钾三要素的含量较其他动物粪便为高,是动物粪尿中肥效最高的有机肥料。另外,还可作动物饲料和药用等,具有杀虫、解毒等作用。有报道指出,兔粪含有机质20.47%、全氮3.32%、全磷0.68%、全钾0.58%。兔粪中氮多钾少,尿中氮少钾多,易腐熟,在腐熟过程中能产生较多的热量,属热性肥料。

②禽粪　禽粪通常指鸡、鸭、鹅的排泄物,其数量取决于饲养量及其排泄量。禽粪中含有丰富的养分和较多的有机质。按干重计,还含有3%～6%的钙,1%～3%的镁和微量元素。绝大部分养分为有机态,肥效稳长。新鲜禽粪中的养分平均含量见表3。

表3　新鲜禽粪中的养分平均含量　(%)

项　目	水　分	有机质	N	P_2O_5	K_2O
鸡　粪	50.5	25.5	1.63	1.54	0.85
鸭　粪	56.6	26.2	1.10	1.40	0.62
鹅　粪	77.1	23.4	0.55	0.50	0.95
鸽　粪	51.0	30.8	1.76	1.78	1.00

2. 堆沤肥　堆沤肥包括厩肥、堆肥和沤肥,是我国农业生产上的重要有机肥源;厩肥是牲畜粪尿与垫料混合堆沤腐解而成的有机肥料。

(1)厩　肥

①厩肥的成分和性质　厩肥是家畜粪尿、垫料和饲料残屑的混合物经腐熟而成的肥料。我国北方中多以土为垫料,故称为"土粪"或"圈粪",南方多以秸秆或青草为垫料,故称为"草粪"或"栏粪"。厩肥施入土壤后氮素利用率为10%～20%,磷素利用率为30%～40%,钾素利用率为60%～70%,其肥效比化肥肥效长。

②厩肥的施用　厩肥必须经过腐熟后才可施用，腐熟的厩肥可以作基肥，也可以作追肥，厩肥作基肥一般为每 667 米^2 施用 4 000～5 000 千克，撒施或集中施用均可，并应与化肥配合施用。另外，应根据土壤和作物选择厩肥的腐熟度，质地黏重的土壤种植蔬菜作物，应选用腐熟度高的厩肥，质地轻松的沙质壤土，可选用腐熟度低的厩肥，生育期较长的作物，可施用腐熟度低的厩肥，生育期短的作物，应选用腐熟度较高的厩肥。

(2)堆　肥

①堆肥的成分与性质　堆肥是利用各种植物残体(作物秸秆、杂草、树叶、泥炭、垃圾以及其他废弃物等)为主要原料，混合人、畜粪尿经堆制腐解而成的有机肥料。堆肥所含营养物质比较丰富，有机质含量高，并且肥效长而稳定，同时有利于促进土壤团粒结构的形成，提高土壤保水、保肥、保温等性能，增加土壤通透性。另外，与化肥混合施用可以弥补化肥养分单一及长期施用化肥对土壤造成的危害，做到速效与长效相结合。

②堆肥的施用　堆肥必须经过腐熟后才可施用，适用于各种土壤和作物。一般作基肥施用，可结合土地深翻时施用，与土壤充分混匀。一般为每 667 米^2 施用 1 500～2 500 千克，在不同土壤和不同作物施用方法不同，生育期长、沙性土壤以及温暖多雨的季节和地区可施用腐熟度低的堆肥；生育期短、黏性中等的土壤、雨少的季节和地区，应施用充分腐熟的堆肥，施用时配合化肥施用。

(3)沤　肥

①沤肥的成分和性质　沤肥是以作物秸秆、绿肥、青草为主要原料，掺入河泥、人畜粪尿在厌氧条件下沤制、腐熟而成的肥料。沤肥的材料与堆肥差异不大，与堆肥不同的是沤肥是在淹水条件下，由微生物进行厌氧分解。沤肥的养分含量因材料种类和配比不同，变幅很大。

②沤肥的施用　沤肥一般作基肥施用，大多用于水田作基肥，用量为每 667 米^2 2 500～4 000 千克，也可同速效肥料混用，作追肥施用。

3. 沼气肥　沼气肥即沼气发酵肥，是指作物秸秆与人粪尿等有机物，在沼气中经过厌气发酵制取沼气后形成的肥料。原材料中的氮、磷、钾等营养元素，除氮素有一定损失外，大部分养分仍保留在发酵肥中。此种发酵肥包括发酵液和沉渣。沉渣的肥料质量比一般的堆沤肥要高，但仍属迟效肥，而发酵液是速效性氮肥，其中铵态氮含量较高。沼气肥还可以多层次利用，如用以养殖蚯蚓等。总之，沼气肥是沤制腐熟后的优质肥料，不仅可供给植物营养，还可改良土壤的物理性状。

(1)沼气肥的营养成分与性质　沼气肥有 2 种形态，一种是沼气水肥(沼液)，占肥总量的 88%左右；另一种是固体残渣(沼渣)，占肥总量的 12%左右。沼液含速效氮、磷、钾等营养元素，还含有锌、铁等微量元素。据测定，沼液中含全氮为 0.062%～0.11%、铵态氮为 200～600 毫克/千克、速效磷 20～90 毫克/千克、速效钾 400～1 100 毫克/千克。因此，沼液的速效性很强，养分可利用率高，能迅速被作物吸收利用，是一种多元速效复合肥料。固体沼渣肥，营养元素种类与沼液基本相同，含有机质 30%～50%，含氮 0.8%～1.5%、含磷 0.4%～0.6%、钾 0.6%～1.2%，还有丰富的腐殖酸，含量 10%～20%，平均 10.9%，腐殖酸能促进土壤团粒结构形成，增强土壤保肥性能和缓冲力，改善土壤理化性质，改良土壤效果十分明显。沼渣肥的性质与一般有机肥相同，属于迟效肥料。

(2)沼气肥的施用　沼气发酵液和残渣可分别施用，也可混合施用，可作基肥、追肥。一般残渣作基肥，发酵液作追肥，沼气肥应深施覆土，不要浅施更不要施于地表，深施 6～10 厘米效果最好。

4. 绿肥　绿肥是用作肥料的绿色植物体。绿肥是一种养分完全的生物肥源。种绿肥不仅是增辟肥源的有效方法，对改良土壤也有很大作用。但要充分发挥绿肥的增产作用，必须做到合理施用。

(1)绿肥的分类　绿肥有5种分类方式：按其来源分为栽培绿肥和野生绿肥；按植物学分为豆科绿肥和非豆科绿肥；按种植季节分为冬季绿肥、夏季绿肥和多年生绿肥；按利用方式分为稻田绿肥、麦田绿肥、棉田绿肥、覆盖绿肥、肥菜兼用绿肥、肥饲兼用绿肥、肥粮兼用绿肥等；按生长环境分为旱地绿肥和水生绿肥。

(2)绿肥的作用

①为农作物提供养分，其养分含量，以占干物重的百分率计，N为2%～4%，P_2O_5为0.2%～0.6%，K_2O为1%～4%，豆科绿肥作物还能把不能直接利用的氮气固定转化为可被作物吸收利用的氮素养分；

②有机碳占干物重的40%左右，施入土壤后可以增加土壤有机质，改善土壤的物理性状，提高土壤保水、保肥和供肥能力；

③可以减少养分损失，保护生态环境；

④可改善农作物茬口，减少病虫害；

⑤提供优质饲草，发展畜牧业。一些绿肥还是工业、医药和食品的重要原料。

5. 生物菌肥　生物菌肥也叫微生物肥料，是以微生物的生命活动导致作物得到特定肥料效应的一种制品，是农业生产中使用肥料的一种。其在我国已有近50年的历史，从根瘤菌剂到细菌肥料再到微生物肥料，从名称上的演变已说明我国微生物肥料逐步发展的过程。

(1)微生物肥料的特点　微生物肥料是活体肥料，它的作用主要靠它含有的大量有益微生物的生命活动来完成。只有当这些有益微生物处于旺盛的繁殖和新陈代谢的情况下，物质转化和有益代谢产物才能不断形成。因此，微生物肥料中有益微生物的种类、生命活动

是否旺盛是其有效性的基础，而不像其他肥料是以氮、磷、钾等主要元素的形式和多少为基础。正因为微生物肥料是活制剂，所以其肥效与活菌数量、强度及周围环境条件密切相关，包括温度、水分、酸碱度、营养条件及原生活在土壤中土著微生物排斥作用都有一定影响，因此在应用时要加以注意。

(2)微生物肥料的特殊作用　微生物肥料还有一些其他肥料没有的特殊作用。

①提高化肥利用率的作用　随着化肥的大量使用，化肥利用率不断降低已是众所周知的事实。这说明，仅靠大量增施化肥来提高作物产量是有限的，更何况还有污染环境等一系列的问题。为此，各国科学家一直在努力探索提高化肥利用率达到平衡施肥、合理施肥以克服其弊端的途径。微生物肥料在解决这方面问题上有独到的作用。所以，根据我国作物种类和土壤条件，采用微生物肥料与化肥配合施用，既能保证增产，又减少了化肥使用量，降低了成本，同时还能改善土壤及作物品质，减少污染。

②在绿色食品生产中的作用　随着人民生活水平的不断提高，尤其是人们对生活质量提高的要求，国内外都在积极发展绿色农业(生态有机农业)来生产安全、无公害的绿色食品。生产绿色食品过程中要求不用或尽量少用(或限量使用)化学肥料、化学农药和其他化学物质。它要求肥料必须首先保护和促进施用对象生长和提高品质；其次不造成施用对象产生和积累有害物质；三是对生态环境无不良影响。微生物肥料基本符合以上三原则。近年来，我国已用具有特殊功能的菌种制成多种微生物肥料，不但能缓和或减少农产品污染，而且能够改善农产品的品质。

③微生物肥料在环保中的作用　利用微生物的特定功能分解发酵城市生活垃圾及农牧业废弃物而制成微生物肥料是一条经济可行的有效途径。目前已应用的主要是 2 种方法，一是将大量的城市生

活垃圾作为原料经处理由工厂直接加工成微生物有机复合肥料；二是工厂生产特制微生物肥料（菌种剂）供应于堆肥厂（场），再对各种农牧业物料进行堆制，以加快其发酵过程，缩短堆肥的周期，同时还提高堆肥质量及成熟度。另外，还有将微生物肥料作为土壤净化剂使用。

④改良土壤作用　微生物肥料中有益微生物能产生糖类物质，占土壤有机质的0.1%，与植物黏液、矿物颗粒和有机胶体结合在一起，可以改善土壤团粒结构，增强土壤的物理性能和减少土壤颗粒的损失，在一定的条件下，还能参与腐殖质形成。所以，施用微生物肥料能改善土壤物理性状，有利于提高土壤肥力。

（二）无机肥料

无机肥料为矿质肥料，也叫化学肥料，是主要呈无机盐形式的肥料。所含的氮、磷、钾等营养元素都以无机化合物的形式存在，大多数要经过化学工业生产，包括氮肥、磷肥、钾肥、复合（混）肥、中量元素肥、微量元素肥等。

1. 氮肥种类和性质　氮肥按氮素存在的形态可分为铵态氮肥、硝态氮肥、酰胺态（尿素）氮肥和长效氮肥。铵态氮肥以含铵或氨为特点，硝态氮肥以含硝酸根为标志，酰胺态氮肥是氮素以酰胺形式存在的氮肥。

（1）铵态氮肥　铵态氮肥具有下列共同特点：易溶于水，易被作物吸收；易被土壤胶体吸附和固定；在通气良好的条件下，易发生硝化作用，转变成硝态氮；在碱性环境中易挥发；高浓度对作物，尤其是幼苗易产生毒害；作物吸收过量铵态氮对钙、镁、钾等的吸收有抑制作用。

①碳酸氢铵　简称碳铵，是用 CO_2 通入浓氨水，经碳化，离心干燥后的产物。碳酸氢铵（NH_4HCO_3）含氮量较低，17%左右，白色细

粒结晶，有强烈的刺鼻、熏眼氨臭，吸湿性强，易溶于水，为速效氮肥，呈碱性反应（pH 值 8.2～8.4），碳铵中 NH_4^+（铵根离子）易被土壤吸附，不易淋失，碳铵是一种不稳定的化合物，在常温下也很易分解挥发，潮解结块。

②硫酸铵　简称硫铵，俗称肥田粉，含氮 20.5%～21%，硫酸铵[$(NH_4)_2SO_4$]是速效性氮肥，施入土壤铵离子易被土壤吸附，为生理酸性肥料，长期施用会使土壤酸度增大，在石灰性土壤上连续和单一施用会形成溶解度较小的硫酸钙，引起土壤板结，也易引起氨的挥发。在水田易引起硝化和反硝化的氮素损失及根系呼吸困难。硫酸铵可作基肥、追肥和种肥。在酸性土壤中施用应配合施石灰或有机肥料；在中性和碱性土壤中施用应深施覆土防止氮素损失，配合有机肥施用防止土壤板结。

③氯化铵　氯化铵（NH_4Cl）为白色结晶，易吸湿结块。水溶性呈弱酸性，与硫铵一样，同为生理酸性肥料。氯化铵施入土壤后，离解为 NH_4^+ 和 Cl^-（氯离子），铵离子与土壤胶体上钙离子进行置换，生成难溶性的氯化钙，在排水良好的土壤中，氯化钙可被雨水或灌溉水淋洗掉，造成土壤大量脱钙。在排水不良的低洼地、盐碱地以及干旱地区，氯化钙易在土壤中累积，使土壤溶液浓度增加，盐分加重，对种子发芽和幼苗生长不利。

在酸性土壤中，氯化铵与土壤胶体吸附的氢离子进行置换，生成盐酸，使土壤变酸的程度甚于硫铵，连续施用时，应注意配合施用石灰和有机肥料。

氯化铵宜作基肥和追肥施用，不宜作种肥和秧田施肥。氯化铵对烟草、甜菜、甘蔗、马铃薯、甘薯、葡萄、柑橘等“忌氯作物”不宜施用，氯化铵可使马铃薯、甘薯淀粉含量降低，薯块水分增多；使甜菜、甘蔗等含糖量减少；使烟草品质变劣。

④氨水（$NH_3 \cdot H_2O$ 和 NH_4OH）　氨水含 N 12%～16%，施入

土壤中既能肥田又能杀死地下虫害，使用氨水要注意安全，应有防护措施，并防止接触植株而烧伤，氨水施用要求“一不离土，二不离水”，以防止氨的挥发。可作基肥和追肥。

（2）硝态氮肥　硝态氮肥具有下列共性：易溶于水，是速效性养分（与铵态氮肥相似）。硝态氮肥的溶解度大，吸湿性强，在雨季吸湿后能化为液体；硝酸根（NO_3^-）难以被带负电的土壤胶体所吸附，在土壤剖面中的移动性较大，在灌溉量过大的情况下易引起硝态氮肥向下层土壤淋失，不利于发挥其肥效；在通气不良条件下，硝酸根可经反硝化作用形成 N_2O（氧化二氮）和 N_2（氮气）气体，引起氮的损失；大多数硝态氮肥在受热（高温）下能分解释放出氧气，易燃易爆，故在储运过程中应注意安全。

硝态氮肥不宜作基肥和种肥，作追肥时应避免在水田施用。

①硝酸铵（NH_4NO_3）　硝酸铵简称硝铵，是一种白色晶体，含 N 33%～35%，含氮量高。其中铵态氮和硝态氮各占一半，兼有两种形态氮肥的特性，是生理中性肥料。由于它具有极易溶于水、吸湿性极强以及易燃、易爆等硝态氮肥的特性，因此常把硝铵归入硝态氮肥。可用作追肥和基肥，常用作追肥。在旱地施用效果明显好于水田，肥效同硫酸铵、尿素相近。

②硝酸钠（$NaNO_3$）　硝酸钠又名硝石，白色或浅灰色结晶，含 N 15%～16%，易溶于水，是速效性氮肥。硝酸钠属生理碱性肥料，长期施用将使土壤局部 pH 值升高，并影响土质，所以硝酸钠施用时应配合有机肥和其他形态氮肥及钙质肥料，避免连年使用。

硝酸钠宜作追肥，适用于酸性和中性土壤，不宜在盐碱地和水田中施用。硝酸钠在一些喜钠作物，如甜菜、菠菜及烟草、棉花等旱作作物上的肥效常高于其他氮肥。

③硝酸钙（$Ca(NO_3)_2$）　硝酸钙含 N 13%～15%。用氢氧化钙或碳酸钙中和硝酸制成。白色或稍带黄色的颗粒，易溶于水，吸湿性

很强，容易结块，应储存于通风干燥处，为生理碱性肥料。因含有钙离子，对土壤胶体有团聚作用，能改善土壤的物理性质，适用于各种土壤，在缺钙的酸性土壤上效果更好，最好作追肥施用，在旱田也可作基肥。硝态氮易随水流失，不宜在水田和多雨地区施用。

(3)酰胺态氮肥(尿素)　尿素用氨和二氧化碳为原料，在高温高压下直接合成。含 N 46%左右，是固体氮肥中含氮量最高的肥料。白色结晶，易溶于水。粒状尿素吸湿性较低，贮藏性能良好。尿素中常含有对植物有毒害的缩二脲，一般要求粒状尿素中缩二脲含量不超过 1%，水分小于 0.5%。

尿素可作基肥和追肥，在任何情况下深施可提高其肥效。尿素特别适于作根外追肥，原因在于：尿素是有机化合物，中性，电离度小，不易灼伤茎叶；分子体积小，容易透过细胞膜进入细胞；具有一定的吸湿性，容易被叶片吸收，并很少引起叶片细胞质壁分离现象。

2. 磷肥的种类与性质　磷肥的原料是各种磷矿石，将磷矿石用机械加工磨碎，即可获得磷矿粉，用不同的方法处理磷矿粉，可获得多种磷肥品种，其性质也各有特点，主要反映在肥料中所含磷酸盐的形态和性质上。一般可按磷酸盐的溶解性质，把磷肥分为 3 种类型：水溶性磷肥、弱酸溶性磷肥和难溶性磷肥。

(1)水溶性磷肥　所含主要成分为磷酸二氢盐，能溶于水，易被植物吸收，最常见的是钙盐，即磷酸一钙。水溶性磷肥的肥效快，作物可直接吸收利用。但它在土壤中很不稳定，易受各种因素影响而转化为弱酸溶性磷肥磷酸盐，甚至转变为难溶性磷酸盐，降低肥效。水溶性磷肥包括普通过磷酸钙、重过磷酸钙、磷酸二氢钾、磷酸铵等。

①普通过磷酸钙　普通过磷酸钙是用 62%～67%硫酸与磷矿粉混合搅拌使其充分作用，并移入化成池继续熟化 1～2 周后，经干燥、磨碎、过筛而制成。含有效磷 12%～20%，少量磷酸或硫酸，以及硫酸铁和硫酸铝，施用时要集中施用，减少固定，尽量施到根系群

周围以利于根系吸收，与有机肥配合施用可提高肥效，可作基肥、种肥和追肥、叶面喷施。

②重过磷酸钙　重过磷酸钙含磷量可高达36%～52%。其生产方法是先用过量的硫酸处理磷矿粉，生产磷酸和硫酸钙。将硫酸钙分离出去后，把磷酸浓缩到一定浓度，然后按一定比例加入适量磷矿粉，加热搅拌使之充分作用，经通风、干燥、造粒，即可得到重过磷酸钙的产品。

(2)弱酸溶性磷肥　这类磷肥泛指所含磷成分溶于弱酸(2%柠檬酸、中性柠檬酸铵或碱性柠檬酸铵)的磷肥。均不溶于水，但能被植物根分泌的弱酸逐步溶解。土壤中其他的弱酸也能使其溶解，供植物利用。弱酸溶性磷肥包括沉淀磷肥、钙镁磷肥、脱氟磷肥、钢渣磷肥等。

(3)难溶性磷肥　这类磷肥不溶于水，也不溶于弱酸，而只能溶于强酸，所以也称为酸溶性磷肥。代表性的难溶性磷肥为磷矿粉。

3. 钾肥的种类和性质　钾素化肥是各种钾盐矿加工制品或从盐湖咸水中提炼制品或含钾铝硅酸盐煅烧后提取的钾盐。大都是水溶性的，施入土壤内可直接被根系吸收利用。一般与氮、磷配合施用效果才明显。

常用的钾肥有氯化钾、硫酸钾和草木灰。

(1)氯化钾　纯氯化钾为白色晶体，分子式为 KCl(氯化钾)，含氧化钾(K_2O)50%～60%，含 Cl 45%～47%，还含有少量的钠、钙、铁、镁、硫等元素，因此有时也带有淡黄色或紫红色等颜色。

氯化钾中含有氯离子，对于"忌氯作物"以及盐碱地不宜施用。如必须施用时，应及早施入，以便利用灌溉水或雨水将氯离子淋洗至下层。氯化钾可作基肥和追肥，但不能作种肥。

(2)硫酸钾　硫酸钾为白色晶体，分子式为 K_2SO_4(硫酸钾)，含

K_2O 48%～52%，易溶于水，吸湿性较小，储存时不宜结块。它和氯化钾一样，均属于化学中性、生理酸性肥料。硫酸钾施入土壤后的变化和氯化钾相似，只是生成物不同。在中性和石灰性土壤上生成硫酸钙，而在酸性土壤上生成硫酸。

硫酸钾作基肥、追肥、种肥均可。由于钾在土壤中的移动性较小，一般以基肥最为适宜，并应注意施肥深度。遇缺硫和硫含量不很丰富的土壤、需硫较多的作物以及种植对氯敏感的作物等，均应选用硫酸钾。

(3)草木灰　植物残体燃烧后所剩余物统称为草木灰，草木灰的成分和植物种类有关。草木灰中含有各种钾盐，其中以碳酸钾为主，其次是硫酸钾，氯化钾含量较少。草木灰中的钾 90%都能溶于水，是速效性钾肥。由于草木灰中的钾以碳酸钾为主，所以是碱性肥料。

草木灰可作基肥、追肥和种肥，其水溶液也可以用于根外追肥。

4. 钙肥的种类和性质　广义上凡是富含钙的物质都可以用作钙肥。石灰物质和含钙肥料的含钙量见表 4。

表 4　石灰物质和含钙肥料的含钙量

名　称	主要成分	氧化钙(CaO)含量(%)	主要性质
生石灰粉	$CaCO_3$	52(44.8～56.0)	碱性，难溶于水
生石灰(石灰岩烧制)	CaO	90(84.0～96.0)	碱性，难溶于水
生石灰(牡蛎、蚌壳烧制)	CaO	52(50.0～53.0)	碱性，难溶于水
生石灰(白云岩烧制)	CaO、MgO	43(25.0～58.0)	碱性，难溶于水

续表 4

名称	主要成分	氧化钙(CaO)含量(%)	主要性质
熟石灰(消石灰)	$Ca(OH)_2$	70(64.0～75.0)	碱性，难溶于水
普通石膏	$CaSO_4 \cdot 2H_2O$	26.0～32.6	微溶于水
磷石膏	$CaSO_4 \cdot Ca_3(PO_4)_2$	20.8	微溶于水
普通过磷酸钙	$Ca(H_2PO_4)_2 \cdot H_2O, CaSO_4 \cdot 2H_2O$	23(16.5～28)	酸性，溶于水
重过磷酸钙	$Ca(H_2PO_4)_2 \cdot H_2O$	20(19.6～20)	酸性，溶于水
钙镁磷肥	$\alpha\text{-}Ca_3(PO_4)_2 \cdot CaSiO_3 \cdot MgSiO_3$	27(25～30)	微碱性，弱酸溶性
氯化钙	$CaCI_2 \cdot 2H_2O$	47.3	中性，溶于水
硝酸钙	$Ca(NO_3)_2$	29(26.6～34.2)	中性，溶于水
窑灰钾肥	$K_2SiO_3 \cdot KCI \cdot K_2SO_4 \cdot K_2CO_3 \cdot CaO$	30～40	水溶液呈碱性
粉煤灰	$SiO_2 \cdot AI_2O_3 \cdot Fe_2O_3 \cdot CaO_3MgO$	20(2.5～46)	难溶于水
硅钙肥	$CaSiO_3$	39(30～48)	难溶于水
草木灰	$K_2CO_3 \cdot K_2SO_4 \cdot CaSiO_3 \cdot KCI$	16.2(0.89～25.2)	水溶液呈碱性
石灰氮	$CaCN_2$	53.9	强碱性
骨粉	$Ca_3(PO_4)_2$	26～27	难溶于水

5. 镁肥的种类和性质 常用的含镁肥料有硫酸镁、氯化镁、硝酸镁、氧化镁、钾镁肥等，可溶于水，易被作物吸收。白云石粉、钙镁磷肥等也含有有效镁，微溶于水，肥效缓慢。磷酸铵镁是一种长效复合肥，除含镁外，还含 N 8%、P_2O_5 40%，微溶于水，所含养分对作物均有效。常用镁肥的成分及性质见表 5。

表 5　常用镁肥的成分及性质

肥料名称	Mg(%)	镁的存在形式	主要性质
硫酸镁	9.7	$MgSO_4 \cdot 7H_2O$	酸性,易溶于水
氯化镁	25.6	$MgCl_2$	酸性,易溶于水
硝酸镁	16.4	$Mg(NO_3)_2$	酸性,易溶于水
碳酸镁	28.8	$MgCO_3$	中性,易溶于水
磷酸铵镁	14.0	$MgNH_4PO_4$	中性或碱性,微溶于水
钾镁肥	7～8	$MgSO_4 \cdot K_2SO_4$	碱性,易溶于水
氧化镁	55.0	MgO	碱性,易溶于水
白云石粉	10～13	$CaCO_3 \cdot MgCO_3$	碱性,微溶于水
钙镁磷肥	9～11	$MgSiO_3$,Mg_2SiO_4,$Mg_3(PO_4)_2$	碱性,微溶于水

6. 含硫肥料的种类和性质

(1)*石膏*　石膏是最常用的硫肥,也可以作为碱土的化学改良剂。农用石膏有生石膏、熟石膏和含磷石膏 3 种。

(2)*硫磺*　即元素硫,农用硫磺要求磨细后 100%通过 16 目筛,50%通过 100 目筛才适合作肥料施用,同时也可作碱土的化学改良剂。一般硫磺不专作肥料用。

(3)*其他含硫化肥*　主要有硫酸铵、过磷酸钙、硫酸钾、硫酸镁等。常用含硫肥料的成分与含硫量见表 6。

表 6　常用含硫肥料的成分及含硫量

肥料名称	主要成分	含 S(%)
生石膏	$CaSO_4 \cdot 2H_2O$	18.6
熟石膏	$CaSO_4 \cdot 1/2H_2O$	20.7
磷石膏	$CaSO_4 \cdot 2H_2O$	11.9
硫酸铵	$(NH_4)_2SO_4$	24.2

续表 6

肥料名称	主要成分	含 S(%)
硫酸钾	K_2SO_4	17.6
硫酸镁	$MgSO_4 \cdot 7H_2O$	13.0
硫硝酸铵	$(NH_4)_2SO_4 \cdot NH_4NO_3$	12.1
过磷酸钙	$Ca(H_2PO_4)_2 \cdot H_2O, CaSO_4$	13.9
青(绿)矾	$FeSO_4 \cdot 7H_2O$	11.5
硫磺(粉)	S	95～99

7. 微量元素肥料 微量元素肥料(简称微肥),是指含有微量元素养分的肥料,如硼肥、锰肥、铜肥、锌肥、钼肥、铁肥、氯肥等,可以是含有一种微量元素的单纯化合物,也可以是含有多种微量和大量营养元素的复合肥料和混合肥料。可用作基肥、种肥或喷施等。

(1)按元素区分 按元素区分,分为钼肥、硼肥、锰肥、锌肥、铜肥、铁肥等。硼和钼常为阴离子,即硼酸盐或钼酸盐;其他元素为阳离子,常用的是硫酸盐(如硫酸锌、硫酸锰等)。

①硼肥 硼砂、硼酸、硼泥(硼渣)、硼镁肥、硼镁磷肥、含硼过磷酸钙、含硼硝酸钙、含硼碳酸钙、含硼石膏、含硼玻璃肥料、含硼矿物、含硼黏土。

②钼肥 钼酸铵、钼酸钠、含钼矿渣、三氧化钼、含钼过磷酸钙。

③锌肥 七水硫酸锌、氯化锌、氧化锌、螯合态锌、碳酸锌、硫化锌、磷酸铵锌。

④锰肥 硫酸锰、氯化锰、碳酸锰、含锰玻璃、氧化锰、含锰过磷酸钙。

⑤铜肥 五水硫酸铜、一水硫酸铜、螯合态铜、含铜矿渣、碳酸铜、氧化铜、氧化亚铜、硫化铜、磷酸铵铜。

⑥铁肥 硫酸亚铁、硫酸亚铁铵、螯合态铁、硫酸铁、磷酸铵铁。

⑦氯肥　氯化钙、氯化铵、氯化钾。

(2)按化合物的类型区分

①易溶的无机盐　属于速溶性微肥，如硫酸盐、硝酸盐、氯化物等。钼肥则为钼酸盐、硼肥为硼酸或硼酸盐。

②溶解度较小的无机盐　属于缓效性微肥，例如磷酸盐、碳酸盐、氯化物等。

③玻璃肥料　是含有微量元素的硅酸盐型粉末，是高温熔融或烧结的玻璃状物质，溶解度很低。

④螯合物肥料　是天然的或人工合成的具有螯合作用的化合物，与微量元素螯合的产物。

⑤混合肥料　是在氮、磷、钾肥中加入一种或多种微量元素制成的混合肥。

⑥复合肥料　是氮、磷、钾肥与一种微量元素或者几种微量元素制成的化合物。

⑦含微量元素的工业废弃物　其中常含有一定数量的某种微量元素，也可作为微量元素肥料使用，一般都是缓效性肥料。

此外，各种有机肥料都含有一定数量的各种微量元素，是微量元素肥料的一种肥源，但不能认为有机肥料能够完全满足农作物对微量元素的需要。

8. 复合(复混)肥料　复混肥料是指在肥料养分标明量中至少含有氮、磷、钾 3 种养分中的任何 2 种或 2 种以上的植物营养元素，由化学方法和(或)掺混方法制成的肥料。

复混肥料是指在肥料养分标明量中至少含有氮、磷、钾 3 种养分中的任何 2 种或 2 种以上的植物营养元素，采用物理混合方法制成的肥料。

有机无机复混肥料是指含有一定量有机质的复混肥料。

第二章　葱蒜类蔬菜科学施肥方法与原则

一、葱蒜类蔬菜科学施肥方法

（一）科学施肥的基本原理

1. 矿质营养学说　矿质营养是指高等绿色植物为了维持生长和代谢的需要而吸收、利用无机营养元素（通常不包括 C、H、O）的过程。与动物不同之处在于后者主要吸收、利用有机养分。植物所需的无机营养元素，因需要量不同，可分为常量（营养）元素及微量（营养）元素。

公元前我国已有“烧草取灰，或沤草作肥”（《礼记·月令》），“树高一尺，以蚕矢粪之”（《汜胜之书》）的记载。用现代的科学知识来解释，就是对作物要施钾、氮肥。在欧洲，关于植物从土壤中获得的是无机养分还是腐殖质，经过了长期的论争，1840 年李比希（Justus von Lieig，1803—1873）发表了题为《化学在农业和生理学上的应用》一文，提出了植物矿质营养学说，否定了当时流行的腐殖质营养学说。他指出腐殖质是在有了植物以后才出现在地球上的，而不是在植物出现以前，因此植物的原始养分只能是矿物质，这就是矿质营养学说的主要论点。他通过观察和推论认为，氮、磷、钾、钙、镁、硅、钠和铁是植物必需的矿质元素，李比希的理论与实践为植物营养学科的迅速发展奠定了基础。

2. 养分归还学说　李比希在《化学在农业和生理学上的应用》一文中提出的另一学说是养分归还学说。该理论是在矿质营养理论

为基础上提出的。其内容为："由于人类在土壤上种植作物并把这些产物拿走，这就必然会使地力逐渐下降，土壤所含的养分将会越来越少。因此，要恢复地力就必须归还从土壤中拿走的东西，不然就难以指望再获得过去那样高的产量，为了增加产量就应该向土壤施加灰分"。这一学说的主要论点是：随着作物的每次收获，必然要从土壤中带走大量养分，使土壤中的养分将会越来越少。如果不正确、及时补充养分给土壤，地力必然会逐渐下降。李比希曾写道："土壤中储存的植物养分到底有多少，可能谁也不能明确地说出来，但是只有愚人才相信它是取之不尽、用之不竭的"。要想恢复地力就必须归还从土壤中取走的全部东西。为了增加作物产量就应该向土壤施加灰分元素，就其实质来讲，就是强调为了作物增产必须以施肥方式补充植物从土壤中取走的养分。现在不仅是保持土壤原有的基础肥力水平，而是要通过合理施肥，改良土壤，培肥地力，适应作物高产。

3. 最小养分律 1843年，李比希提出了最小养分律（也称木桶原理），其中心内容是：植物为了生长发育需要吸收各种养分，但是决定和限制作物产量的却是土壤中那个相对含量最小的营养元素，产量也在一定限度内随着这个元素含量的增减而相对地变化。因而无视这个限制因素的存在，即使继续增加其他营养成分也难以再提高植物的产量。最小养分律提出了作物施肥应解决的主要矛盾，这一理论是配方施肥的主要原理之一。木桶盛水的高低，取决于最低的那一块木板。要提高木桶的盛水量，首先要加高最低的那块木板。在合理施肥时，应把握以下几个要点：

第一，最小养分不是指土壤中绝对含量最小的养分，而是指按作物对各种养分的需要而言，土壤中相对含量最小的那种养分。

第二，最小养分是影响作物增产在养分上的限制因素，要提高产量就必须补充这种养分。

第三，最小养分不是固定不变的，它是随着作物产量水平和肥料

供应数量而变化。一种最小养分通过施肥而得到满足后，另一种养分元素就可能成为新的最小养分。

第四，如果不补充最小养分，即使其他养分增加再多也不能提高作物产量，而还会降低施肥的经济效益。

最小养分是相对于作物来说，土壤供应能力最差的某种养分。最小养分也常变化，我国在 20 世纪 50 年代氮素最感不足，施用氮肥作物产量迅速提高；60 年代磷素不足成了增产的限制因素，施用磷肥作物产量明显增产；70 年代我国南方缺钾的问题又突出表现出来；80 年代在某些地区和地块，锌、硼、锰等微量元素成了最小养分，所以，要用发展的观点来认识最小养分律，抓住不同时期、不同作物、不同地点的主要矛盾，决定施用什么肥料。但是，随着农业生产的发展，土壤往往从一种发展到多种养分不足，在增施土壤中最小养分时，还要同时施用土壤中其他不足的养分，甚至改善影响作物生育的其他因素，化肥的肥效才能充分发挥。

4. 报酬递减律 早在 18 世纪后期，欧洲的经济学家杜尔格和安德森等人就提出了报酬递减律，最早是作为经济法则提出的，由于它客观反映了技术条件不变的情况下，投入与产出的关系，因而在工农业生产中得到广泛应用。

其一般表述是："从一定土壤上所得到的报酬随着向该土地投入的劳动和资本量的增加而有所增加，报酬的增加量却在逐渐减少"。米采利希通过试验提出，在其技术条件相对稳定的前提下，随着施肥量的渐次增加，作物产量也随之增加，但作物的增产量却随施肥量的增加而呈递减趋势；如果一切条件都符合理想的话，作物将会产生出最高产量；相反，只要有任何一种障碍时，产量便会相应地减少。如何选择适宜的化肥用量？

增施肥料的增产量×产品单价＞增施肥料×肥料单价，此时增产又增收。

增施肥料的增产量×产品单价＝增施肥料×肥料单价，此时施肥总收益最高，称为最佳施肥量。

在最佳施肥量之后再增加施肥量，可能达到最高产量，但施肥效益并不是最高。一般可根据田间试验建立回归方程，求出计算边际效益等于零时的最佳施肥量。

5. 同等重要与不可替代律　植物所必需的16种营养元素在植物体内的含量差别很大，然而对于植物的生长发育及各种生命代谢活动它们都是同等重要的，缺少它们中的任何一种元素植物都不能正常生长，这就是植物必需营养元素的同等重要律。植物缺少必需元素中的任何一种只能通过补充该种元素来纠正植物的缺素症状，任何其他元素都不能代替该元素在植物体内的特定作用，这就是所谓的必需营养元素的不可替代律。

6. 因子综合作用律　合理施肥是作物增产的综合因子（如水分、养分、光照、温度、空气、品种、耕作等）中起重要作用的因子之一。作物丰产不仅需要解决影响作物生长和提高产量的限制因子，其中包括养分因子中的最小养分，而且只有在外界环境条件足以保证作物正常生长和健壮发育的前提下，才能充分发挥施肥的最大增产作用，收到较高的经济效益。因此，肥料的增产效应必然受因子综合作用律的控制。因子综合作用律的中心意思是：作物丰产是影响作物生长发育的各种因子，如水分、养分、光照、温度、空气、品种以及耕作条件等综合作用的结果，其中必然有一个起主导作用的限制因子，产量也在一定程度上受该限制因子的制约。为了充分发挥肥料的增产作用和提高肥料的经济效益，一方面施肥措施必须与其他农业技术措施密切配合；另一方面各种养分肥料要配合施用以使各养分之间比例协调，维持作物体内的营养平衡。例如，施肥与灌溉结合，可以同时提高肥料和灌溉的经济效益，起到“以肥调水”和“以水调肥”的良好效果。

(二)科学施肥的方式

1. 基肥的施用技术

(1)*基肥的重要性*　基肥一般是在作物播种前或定植前结合土壤深耕而施用的肥料。施用基肥一方面能为作物全生育期生长提供养分,另一方面又具有培肥和改良土壤的作用,为作物的生长发育创造良好的土壤环境。

(2)*基肥施用技术*　基肥施用量占作物全生育期施肥量的绝大部分,为了达到培肥和改良土壤的目的,基肥应以有机肥为主,结合配施缓效性和速效性肥料,同时要强调基肥深施。

值得注意的是,不同肥料对深施的要求不一样。对于有机肥和钾肥来说,由于它们在土壤中移动性较小,浅施使肥料不能与作物根系很好的接触,故应基肥深施。对于挥发性氮肥(如碳酸氢铵)来说,浅施易导致养分挥发损失,故亦应深施。对于磷肥,一般也认为基肥深施较好,但最近研究发现,施在 10～15 厘米土层中的磷在整个生育期都易被植株吸收;而在 20 厘米以下土层中的磷,对其吸收利用效果在整个生育期都比较低。所以,磷肥以施在 10～15 厘米土层为宜。

另外,根据土壤和作物情况,还应在基肥中添加微量元素肥料。

2. 种肥的施用技术

(1)*种肥的重要性*　种肥是为满足作物苗期养分的需要,在播种或定植时施在种子或幼苗附近的肥料。其目的就是供给作物生长发育初期所需的养分。

种肥的施用效果决定于土壤、施肥水平及栽培技术等因素。因为肥料与种子相距较近,故对肥料种类、用量要把握好,否则易引起烧种、烂种,造成缺苗断垄。

(2)*种肥施用技术*　土壤肥力和施肥水平是决定是否施用种肥

的重要依据，在土壤肥料较低、基肥用量少的情况下，可以施用种肥。

用于种肥的肥料一般是易被作物幼苗吸收利用的速效性肥料，而过酸、过碱、吸湿性强、含有毒副成分的肥料均不宜作种肥。氮肥中以硫酸铵作种肥效果最好，硝酸铵、尿素均不宜直接和种子拌在一起播种，以侧施和播种后施用为宜。磷肥中以过磷酸钙作种肥为宜，但当游离酸含量较高时则不宜作种肥，以免腐蚀种子，影响种子萌发。微量元素肥料中的硫酸锌、钼酸铵、硫酸锰等一般都可用作种肥，但要严格控制用量；硼酸、硼砂均不宜用作种肥。

在种肥的施用上，微肥还可以采用浸种的方法。

3. 追肥的施用技术

(1)追肥的重要性　追肥是在作物生长发育期间，为了满足作物不同生育期对养分的特殊要求，以补充基肥不足而施用的肥料。

(2)追肥的方法　宜作追肥的肥料有速效性化肥及腐熟的人粪尿等，如氮肥有尿素、硝酸铵、碳酸氢铵等；磷肥有过磷酸钙；复合肥有磷酸一铵、磷酸二铵、硝酸磷肥等。追肥用量依基肥用量、作物营养特性、土壤等情况具体确定。

追肥的方法有条施、穴施、深施覆土和结合灌水表层撒施亦或随水冲施等。追施速效氮肥时，在旱地上易采用条施(沟施)或穴施，然后覆土盖压；在水田上宜深施，同时避免大水漫灌。一些密植作物封垄后，难以进行穴施或开沟施肥，可将肥料撒于作物行间并进行灌水或直接将速溶性肥料随水冲施。

4. 叶面肥喷施技术

(1)叶面喷施的重要性　作物通过叶部吸收养分而营养自身的现象称为叶面营养。许多研究证明，植物叶部吸收的养分也能在体内被同化和运转，特别是在根部吸收养分受阻时，叶面喷施能及时补充养分，为作物恢复生长提供所需养分。

叶面喷施与根部施肥相比具有以下特点：一是通过防止养分在

土壤中的固定和流失而减少养分损失；二是叶部吸收、转化养分快，能及时满足作物对养分的需要；三是叶部吸收的养分能直接促进植物体内的代谢作用，从而促进根部对养分的吸收、利用，提高作物产量和改善产品品质，尤其是在作物生长后期，根系活力衰退，叶面喷肥能起到显著增产作用。

尽管叶面喷肥有许多优点，但在应用上也有一定的局限性，尤其是作物对氮、磷、钾的需要量大，单靠叶面喷施是难以满足作物需要的。因此，叶面喷施只是根部施肥的补充。

(2)叶面喷施的技术　不同作物对叶面喷施的反应不一样。

①浓度要准确　一般作叶面喷肥的肥料主要有尿素、磷酸二氢钾、硫酸铵、硫酸钾、硝酸铵以及一些微肥等。

根据不同的肥料、不同作物来用相应的浓度进行喷肥。一般尿素1%～2%、磷酸二氢钾0.3%～0.4%、硫酸钾0.3%～0.5%、硝酸钙0.3%～0.5%、硼酸、硼砂0.1%～0.3%、硫酸亚铁0.2%～0.5%、钼酸铵0.2%～0.3%、硫酸锌0.1%～0.2%。

②叶面施肥时期　叶面施肥时期一般在地面覆盖率达60%～70%以上进行，应选在作物营养临界期和营养最大效率期。根据作物需肥规律，前期重点补氮，中后期重点补磷、钾。氮肥施用尿素是最安全、经济有效的。磷、钾施以磷酸二氢钾，具有促早熟、增产作用。米醋可调节作物体内养分平衡，提高作物体内磷、钾比例，增加氮素含量。

尿素、磷酸二氢钾一般在孕穗、扬花、灌浆期喷施效果好。如果苗瘦发黄，说明缺氮，应以喷氮为主；如果禾苗长相一般，应以喷施氮、磷混合液为主。微量元素锌、硼肥一般在作物初花期喷施。钼肥一般在大豆盛花期、结荚期进行。微肥的移动性弱，所以在喷肥时，一般喷2～3次，才能达到调节和增产的目的。

③掌握好喷肥方法　喷肥时间要选好，叶面喷肥效果受高温、光

照强度、雨水等因素的影响。喷肥应选择露水干后的早晨和傍晚进行,上午10时前及下午4时后喷施。喷施后叶面湿润时间长,有利于叶片对肥分的吸收,增进肥效。阴天无风则可全天喷施,要避开晴日正午特别是高温烈日天,避免肥分的损失。雨前也不要喷施,防止肥分被雨水淋失,降低肥效。喷肥时最好选择晴天,喷后3～4天为无雨天,风速4米/秒以下,气温不超过30℃,需要的温度为8℃～25℃,要求喷洒均匀,不要漏喷,也不能重喷,雾化良好,尽量做到叶片正、背面喷均匀为好,尤其要重视叶背面。因为叶面肥主要通过气孔扩散被叶面吸收的,而气孔在叶面上的分布是背面多于正面。肥料中要添加活性剂,如中性肥皂水或洗衣粉,可提高肥液在叶片上的附着力,利于肥料的布展和渗透,利于肥分的吸收。

二、葱蒜类蔬菜生产施肥原则

(一)无公害蔬菜生产施肥原则

无公害蔬菜,是指蔬菜中的农药残留、重金属、硝酸盐等各种污染及有害物质的含量,控制在国家规定的范围内,人们食用后不会对人体健康造成危害的蔬菜。

1. 施肥原则 无公害蔬菜施肥原则以有机肥为主,辅以其他肥料;以多元复合肥为主,单元素肥料为辅;以施基肥为主,追肥为辅。尽量限制化肥的施用,如确实需要,可以有限度、有选择地施用部分化肥。生产无公害蔬菜应把握好以下4点:

第一,以符合国家标准《农产品安全质量无公害蔬菜要求》为原则。施肥不应造成环境污染,并兼顾高产、高效益。

第二,以有机肥为主,化肥为辅的原则。重视优质有机肥的施用,合理配施化肥,有机氮与无机氮之比应不低于1∶1,用地养地相结合。

第三，平衡施肥的原则，以土壤养分测定结果和蔬菜需肥规律为依据，按照平衡施肥的要求确定肥料的施用量。虽然各地都有相应标准予以规定，但一般不会超出以下原则：最高无机氮养分施用限量为 225 千克/公顷，而无机磷肥、钾肥施用量则视土壤肥力状况而定，以维持土壤养分平衡为准。在忌氯蔬菜上禁止使用含氯化肥；叶菜类和根菜类蔬菜不得施用硝态氮肥。

第四，营养诊断追肥的原则，根据蔬菜生长发育的营养特点和土壤、植株营养诊断进行追肥，以及时满足蔬菜对养分的需要。对于一次性收获的蔬菜，特别是叶菜类，收获前 20 天内不得追施氮肥；对于连续结果的蔬菜，追肥次数不要超过 4～5 次。

2. 无公害蔬菜生产允许使用的肥料种类

(1)优质有机肥　如堆肥、厩肥、沼气肥、绿肥、作物秸秆、泥肥、饼肥等，施用前应充分腐熟。

(2)生物菌肥　包括腐殖酸类肥料、根瘤菌肥料、磷细菌肥料、复合微生物肥料等。

(3)无机肥料　如硫酸铵、尿素、过磷酸钙、硫酸钾等既不含氯，又不含硝态氮的氮磷钾化肥，以及各地生产的蔬菜专用肥。

(4)微量元素肥料　即以铜、铁、硼、锌、锰、钼等微量元素及有益元素为主配制的肥料。

(5)其他肥料　如骨粉、氨基酸残渣、家畜加工废料、糖厂废料等。

3. 无公害蔬菜生产的施肥要求　为了降低污染，充分发挥肥效，应实施测土配方平衡施肥，即根据蔬菜营养生理特点、吸肥规律、土壤供肥性能及肥料效应，确定有机肥、氮、磷、钾及微量元素肥料的适宜量和比例以及相应的施肥技术，做到对症配方、对症施用。使用合适品种，适当用量，调整次数和时期，根据肥料特性采用相应的施

肥方式。配方施肥是无公害蔬菜生产的基本施肥技术。

4. 无公害蔬菜生产施肥注意事项 有机肥如人粪尿等要充分发酵腐熟，并且追肥后要浇清水冲洗。化肥、蔬菜专用肥要深施、早施。深施可以减少养分挥发，延长供肥时间，提高肥料利用率。早施则利于植株早发快长，延长肥效，减轻硝酸盐等有毒物积累。一般铵态氮施于 6 厘米以下土层，尿素施于 10 厘米以下土层，磷、钾肥以及蔬菜专用肥施于 15 厘米以下土层。

(二)绿色食品蔬菜施肥原则

随着人们生活水平的提高，无污染、高质量、高营养的绿色蔬菜越来越受到消费者青睐，生产绿色无公害蔬菜成为蔬菜生产的发展方向。“绿色蔬菜”是绿色食品的一种，指蔬菜在生产过程中农药使用后残留在蔬菜里的农药残留物指标低于国家或国际规定的标准。绿色蔬菜的生产不仅要注意水和农药的使用，对肥料的种类、用量、方法等也有严格要求。

1. 施肥原则 在蔬菜生产中，肥料对蔬菜造成污染有 2 种途径，一是肥料中所含有的有害有毒物质如病菌、寄生虫卵、毒气、重金属等；二是氮素肥料的大量施用造成硝酸盐在蔬菜体内积累。因此，绿色蔬菜生产中施用肥料应坚持以下原则：以有机肥为主，其他肥为辅；以基肥为主，追肥为辅；以多元素复合肥为主，单元素肥料为辅。

2. 施肥种类

(1)有机肥 有机肥是生产绿色蔬菜的首选肥料，具有肥效长、供肥稳、肥害小等其他肥料不可替代的优点，如堆肥、厩肥、沼气肥、饼肥、绿肥、泥肥、作物秸秆等。

(2)化肥 生产绿色蔬菜原则上限制施用化肥，如生产过程中确实需要，要科学施用。可用于绿色蔬菜生产的化肥有尿素、磷酸二铵、硫酸钾肥、钙镁磷肥、矿物钾、过磷酸钙等。

(3)生物菌肥　生物菌肥既具有有机肥的长效性又具有化肥的速效性，并能减少蔬菜中硝酸盐的含量，改善蔬菜品质，改良土壤。因此，绿色蔬菜生产应积极推广使用生物肥，如根瘤菌肥、磷细菌肥、活性钾肥、固氮菌肥、硅酸盐细菌肥、复合微生物以及腐殖酸类肥等。

(4)无机矿质肥料　如矿质钾肥、矿质磷肥等。

(5)微量元素肥料　以铜、铁、锌、锰、硼等微量元素为主配制的肥料。

3. 施肥措施

(1)重施有机肥，少施化肥　充足的有机肥，能不断供给蔬菜整个生育期对养分的需求，有利于蔬菜品质的提高。农作物秸秆和畜禽粪污要加入发酵剂经过高温堆积发酵，使其充分腐熟方可施入菜田。发酵时将新鲜的粪污装入塑料袋中堆放或装入缸中，加入热水封口，在15℃以上的环境温度下自然发酵，发酵过程中在45℃左右。农作物秸秆加入速腐剂可直接还田，但将其粉碎后，堆腐发酵效果更好。堆腐的方法是每100千克粉碎的秸秆加入速腐剂1～2千克，堆垛后，表面用泥封严，一般20天左右成肥。

(2)重施基肥，少施追肥　绿色蔬菜生产要施足基肥，控制追肥，一般每667米^{2}施用纯氮15千克，2/3作基肥，1/3作追肥，深施。

(3)重视化肥的科学施用　一是禁止施用硝态氮肥。二是控制化肥用量，一般每667米^{2}施氮量应控制在纯氮15千克以内。三是要深施、早施。一般铵态氮肥施于6厘米以下土层，尿素施于10厘米以下土层。早施有利于作物早发快长，延长肥效，减少硝酸盐积累。尿素施用前经过一定处理，还可在短期内迅速提高肥效，减少污染。处理方法为：取1份尿素，8～10份干湿适中的田土，混拌均匀后堆放于干爽的室内，下铺上盖塑料薄膜，堆闷7～10天即可作穴施追肥。四是要与有机肥、微生物肥配合施用。

(4)施肥因地、因苗、因季节而异　不同的土质，不同的苗情，不

同的季节施肥种类，施肥方法要有所不同，低肥菜地，可施氮肥和有机肥以培肥地力。蔬菜苗期施氮肥利于蔬菜早发快长。夏、秋季节气温高，硝酸盐还原酶活性高，不利于硝酸盐的积累，可适量施用氮肥。

(三)有机蔬菜生产施肥原则

有机蔬菜是指在蔬菜生产过程中不使用化学合成的农药、肥料、除草剂和生长调节剂等物质，以及基因工程生物及其产物，而是遵循自然规律和生态学原理，采取一系列可持续发展的农业技术，协调种植平衡，维持农业生态系统持续稳定，且经过有机认证机构鉴定认可，并颁发有机证书的蔬菜产品。

1. 施肥原则　在培肥土壤的基础上，通过土壤微生物的作用来供给作物养分。要求以有机肥为主，辅以生物肥料，并适当种植绿肥作物培肥土壤。

(1)施足基肥　将总施肥量的80%用作基肥，结合耕地将肥料均匀地翻入耕作层内，以利于根系吸收。方法是在移栽或播种前，开沟条施或穴施在种子或幼苗下面，施肥深度以5～10厘米较好，注意中间隔土。

(2)巧施追肥　追肥分土壤施肥和叶面施肥。土壤追肥主要是在蔬菜旺盛生长期结合浇水、培土等进行追肥。叶面施肥可在苗期、生长期内进行。对于种植密度大、根系浅的蔬菜可采用辅肥追施方式，当蔬菜长至3～4片叶时，将经过晾干制细的肥料均匀撒到菜田内，并及时浇水。对于种植行距较大、根系较集中的蔬菜，可开沟条施追肥。对于种植行距较小的蔬菜，可采用开穴追肥方式。

2. 施肥种类　主要有以下几种。

(1)农家肥　如堆肥、厩肥、沼气肥、绿肥、作物秸秆、饼肥等。

(2)生物菌肥　包括腐殖酸类肥料、根瘤菌肥料、磷细菌肥料、复合微生物肥料等。

（3）绿肥作物　如紫云英、田菁、紫花苜蓿、大豆、箭筈豌豆等。

（4）有机复合肥　通过微生物工程制造的有机肥料。

3. 有机蔬菜施肥注意事项

第一，人粪尿及厩肥要充分发酵腐熟，最好通过生物菌沤制，并且追肥后要浇清水冲洗。另外，人粪尿含氮高，在瓜类及甜菜等作物上用量要适当，不宜过多。

第二，秸秆类肥料碳氮比大，在矿化过程中易于引起土壤缺氮。要求在作物播种或移栽前及早翻压入土。如果翻压入土与作物播种或移栽时间接近，要配施少量氮肥。

第三，绿肥一般都在其扬花期翻压，翻压深度 10～20 厘米，每 667 米^2 翻压 1 000～1 500 千克，可根据绿肥的分解速度，确定翻压时间。

三、葱蒜类蔬菜配方施肥

（一）配方施肥的原理和原则

测土配方施肥是被联合国粮农组织重点推荐的一项先进农业技术，也是我国当前大力推广的科学施肥技术，是通过对土壤采样和化验分析，以土壤测试和田间试验为基础，根据作物需肥规律、土壤供肥性能和肥料效应，在合理施用有机肥料的基础上，提出氮、磷、钾及中、微量元素等肥料的施用品种、数量、施肥时期和施用方法，以最经济的肥料用量和配比，获取最好的农产品产出的科学施肥技术。实践证明，推广测土配方施肥技术，可以提高化肥利用率 5%～10%，增产率一般为 10%～15%，高的可达 20%以上。实行测土配方施肥不但能提高化肥利用率、获得稳产高产，还能改善农产品质量，是一

项增产、节肥、节支、增收的有效措施。

1. 测土配方施肥的基本原理　考虑到作物、土壤、肥料体系的相互联系，其遵循的基本原理主要有：矿质营养学说、养分归还学说、最小养分律、报酬递减律、同等重要与不可替代律、因子综合作用律。

2. 蔬菜测土配方施肥原则　首先根据不同蔬菜类型和品种、生长发育、产量和测定土壤养分含量情况，确定施肥种类和数量。根据农家肥和化肥的特点，合理搭配施肥。为了提高有机肥和化肥的利用率，发挥肥料效益，一般将两种肥料搭配混合使用。根据蔬菜的生长发育情况，需要养分的多少，确定追肥数量、次数和间隔时间。如生长发育很好，生育周期短的蔬菜，少追肥或不追肥；生长发育差，生育期长的蔬菜，应增加追肥次数，多追肥。一般每隔 7 天左右施 1 次，共追施 3～5 次；并根据不同蔬菜品种和肥料种类，确定施肥方法。

(1)多施有机肥　有机肥通过充分发酵，营养丰富，肥效持久，利于吸收，可供蔬菜整个生长发育周期使用。腐熟的人粪尿，也可作追肥。

(2)合理施用化肥　根据测土情况，了解土壤养分含量和各种化肥的性能，确定使用化肥的种类、数量和配比。化肥作基肥最好与农家肥混合使用。化肥作追肥尽量采取“少量多次”的施肥方法。根据不同蔬菜类型和品种，确定施用不同化肥。

(3)配合多种微量元素肥料进行叶面追肥　配合多种微量元素肥料进行叶面追肥方便简单，省工省时，养分全面，吸收养分快，见效快。多种营养元素配合使用，缺什么施什么，有些肥料可以与中性农药混合使用，起到防虫治病和施肥多种作用。

(4)提倡结合深翻施基肥　由于蔬菜重复种植次数多，使土壤盐分多积聚在土壤表层，导致表土板结或形成硬盖。可结合深翻施基肥，使土壤和肥料充分结合，上下土层混合，把板结土表粉碎并翻到下层，可以大大减轻表土板结和盐害。

(二)葱蒜类蔬菜配方施肥实用技术

葱蒜类蔬菜主要包括韭菜、大蒜、大葱及洋葱等，葱蒜类蔬菜根系浅，为草质不定根，吸肥力弱，但对养分需求量较高，适宜在富含有机质、疏松透气、保水保肥性能好的土地种植。对养分的需求一般以氮为主，其次是钾、需磷相对较少。为获得高产必须大量增施有机肥，施足基肥并增加追肥次数。

详细施肥技术见后面章节。

第三章　大葱科学施肥技术

大葱，属百合科葱属，古书又称“木葱”、“汉葱”、“京葱”、“芤”、“菜伯”、“和事草”、“鹿胎”等，为 2～3 年生宿根草本植物，为香辛型蔬菜，是重要的调味品。李时珍在《本草纲目》中记载：“葱从囱。外直中空，有囱通之象也。芤者，草中有孔也，故字从孔，芤脉象之。葱初生曰葱针，叶曰葱青，衣曰葱袍，茎曰葱白，叶中涕曰葱苒。诸物皆宜，故云菜伯、和事”。大葱起源于温带大陆性气候地区（我国西部及俄罗斯西伯利亚地区），是由野生葱在中国经驯化选育而成，后经朝鲜传入日本，日本关于大葱的记载最早见于公元 918 年，公元 1583 年传入欧洲，19 世纪传至美国。

葱以鲜嫩肥大的假茎（葱白）和嫩叶为产品，营养丰富。据研究分析：每 100 克葱鲜品（嫩叶和假茎）含水分 92～95 克，碳水化合物 4.1～7 克，蛋白质 0.9～2.4 克，脂肪 0.3 克，钙 4.6 毫克，磷 39 毫克，铁 0.1 毫克，多种氨基酸 0.0298 毫克，富含维生素 A、B 族维生素、维生素 C 及胡萝卜素，葱还含有独具辛香风味的硫化丙烯等芳香物质。葱是重要的佐餐之食，生、熟食均可，尤以生食为甚。

葱还有较高的医疗价值。[明]李时珍《本草纲目》载：葱白作汤治伤寒寒热、中风耳目浮肿、能出汗；葱汗即葱涕，功同葱白，取汁入酒少许，滴鼻中治衄血不止；葱须疗饱食、房劳、血渗大肠、便血、肠痔；葱花治心脾痛；种实明目，补中气不足。中医认为：葱味辛，性温，生则辛平，熟则甘温。具有祛风发汗、消毒、散寒、健胃、通阳利尿、明目补中、除邪气、利五脏、止目眩、散淤血、解药毒、止血止痛、消痔漏痈肿等功效。可用于杀菌、预防风寒、感冒、头痛鼻塞、无汗、面目浮肿、腹痛腹泻、疮痈肿痛及心血管病等。在其假茎（葱白）及管叶等组织中含有一种油脂性挥发液体(硫化丙烯),具有消灭多种病菌的作用,还有增进食欲、健胃的功效;有助于神经健康,可治失眠症;同时,也是一种良好的发汗剂。把葱白捣烂挤汁,对上0.25%普鲁卡因滴鼻,可治疗急性或慢性鼻炎;葱白汁加在冷盐水中漱口,可治喉炎、嗓子痛;全葱适量切碎炒热用布包裹外敷肚脐,可治小便困难,小腹胀痛。

大葱在我国栽培历史悠久,已有3 000多年的历史,约在公元前1000多年即已成为我国的栽培食用蔬菜。全国各地均有栽培。我国北方地处温带,春、秋两季气候凉爽,昼夜温差较大,适于大葱的生长。其中,淮河流域、秦岭以北和黄河中下游地区为大葱的主产区;各地在栽培过程中也逐渐形成了各自独具特色的栽培品种,如山东章丘大葱、陕西花县谷葱、辽宁盖平大葱、北京高脚白大葱、河北隆尧大葱、山东莱芜鸡腿葱等。

大葱栽培较容易,病虫害较少,产量高,既耐储藏又耐运输,可以周年供应,是一种很受欢迎的蔬菜和重要的调味品。大葱国内市场广阔,近年又成为名优农产品出口国外,出口量逐年增加。我国大葱主要销往日本、东南亚和欧美国家,部分销往我国港、澳特区,其中保鲜葱均就近销往日本和我国港、澳特区。供出口的大葱品种主要是引进的品种,如长宝、元藏、吉藏等。

一、大葱生物学特性

(一)植物学特性

大葱(*Allium fistulosum L.*)属百合科葱属2~3年生草本植物。为了适应原产地的环境条件,大葱演化成具有较弱的根系、短缩的茎盘、膜质的外叶鞘及管状叶片。

1. 根　大葱的根为须根系，其白色弦线状肉质须根着生在短缩茎上，并随着外层老叶的衰老、枯死，一般粗 1～2 毫米，长达 50 厘米，生长盛期须根可达百条，大多分布在 25～30 厘米的耕作土层内，属浅根性。根的分根性差，根毛稀少，不利于吸水吸肥，但再生能力较强。大葱根系怕涝，尤其在高温高湿的条件下易坏死，因此需特别注意不要浇水过多。深培土栽培条件下，大葱的根系是沿水平方向和向上发展的。

2. 茎　大葱为地下短缩茎，长度为 1～2 厘米，在营养生长期间短缩为圆锥形，短缩茎先端为生长点，黄白色，是新叶或花薹抽生的地方。

3. 叶　大葱的叶片包括叶鞘和叶身 2 部分。叶鞘和叶身连接处有出叶孔。叶身为管状中空，顶尖，叶肉绿色，叶表有蜡粉层，葱叶的下表皮及其绿色细胞中间充满油脂状黏液，能分泌辛辣的挥发性物质，水分充足时黏液分泌量多。叶鞘位于叶身的下部，叶片呈同心圆状着生在短缩茎上，将茎盘包被在叶鞘的基部。幼叶藏于叶鞘内，被筒状叶鞘层层包合共同形成假茎，假茎中间为生长锥。新叶鞘总比老叶鞘长。葱叶由生长锥的两侧互生，叶片按照一定的顺序进行分化，内叶的分化和生长以外叶为基础，在生长期间，随着新叶的不断出现，老叶不断干枯，外层叶鞘逐渐干缩成膜状。进入葱白形成期，叶片中间的养分向叶鞘转移，并储藏在叶鞘中。叶鞘既是大葱的营养器官，又是主要的产品器官，同时还可以保护新生叶和生长锥。

4. 花　大葱完成阶段发育后，茎盘顶芽伸长为花薹，花薹的顶端着生伞状花序，花序外面由白色膜质佛焰状总苞所包被，内有小花几百个不等。大葱的花为两性花，小花有细长的花梗，花被片白色，6 枚，长 7～8 毫米，披针形，雄蕊 6 枚，合生于基部，贴生在花被片上，花药矩圆形，黄褐色，雌蕊 1 枚，子房倒卵形，上位花，3 室，每室可结 2 籽，花柱细长、先端尖，柱头晚于花药成熟 1～2 天，并长于花药，未及时接受花粉则膨大发亮并布满黏液，柱头有效期长达 7 天，柱头接受花粉后迅速萎蔫，花粉管开始萌发。属虫媒花，异花授粉，所以采种时要注意不同品种之间的距离。

5. 果实和种子 大葱的果实为蒴果，幼嫩时绿色，成熟后自然开裂，散出种子。大葱的种子为黑色，盾形、有棱角、稍扁平，断面呈三角形，种皮表面有不规则的皱纹，脐部凹陷。种皮厚而坚硬，种皮内为膜状外胚乳，胚白色、细长呈弯曲状，发芽吸水能力弱。种子千粒重 3 克左右，常温下寿命为 1～2 年，生产上一般采用当年生产的新种。

(二)生长发育周期

大葱为 2 年生植物，但栽培上作为 3 年生栽培。第一年秋季播种，以幼苗越冬；第二年夏季移栽定植，初冬收获葱白；如要采种，则将成长的植株在露地或储藏窖内越冬，在 2℃～5℃低温下通过春化阶段，第三年春末再栽植到露地，在长日照下，4 月中下旬抽薹开花，夏至时节采收种子。大葱的生育周期为营养生长和生殖生长 2 个阶段。生育周期的长短因播种期而异，春播需 15～16 个月，秋播需 21～22 个月。根据不同阶段的生长特点，可将两大生长阶段划分为以下 7 个生长发育期。

1. 营养生长阶段 葱从播种到花芽分化，叶片不断从相邻外叶的出叶孔穿出叶鞘，新老叶片更迭，功能叶片保持在 6～8 片，此期为营养生长期。

(1)*发芽期* 从种子开始萌动到第一片真叶出现为发芽期。需 7℃以上有效积温 140℃，发芽最适温 20℃左右。播种后 7～10 天胚根自发芽孔伸出向土层延伸，子叶伸长，腰部拱出地面，俗称“打弓”，而后子叶尖端长出地面伸直，称为“直钩”，再从出叶口长出第一片真叶。发芽期需持续保持土壤湿润，以利幼苗顺利出土。

（2）幼苗期　从第一片真叶显露到大田定植为大葱的幼苗期。幼苗期生长适温13℃～25℃，有效生长时间90天左右，共长12～15片叶。从3～4片真叶开始，感受0℃～7℃的低温14天左右通过春化，苗端停止分化叶片，转为花芽。幼苗期因播种时间而异，春播大葱幼苗期80～90天；秋播大葱幼苗期8～9个月，又可分为幼苗生长前期、休眠期和幼苗生长盛期。冬前幼苗生长时间40天左右，翌年春季返青后进入旺盛生长期。

（3）假茎（葱白）形成期　从定植到收获为假茎形成期。此期又可分为以下几个时期。

①缓苗越夏期　葱定植后，经过10～15天，开始长出新根恢复生长到旺盛生长前为缓苗越夏期。夏季定植缓苗后，气温在25℃以上，正值高温时期，植株生长缓慢，叶片寿命较短，每株功能叶片2～3片。当日平均温度降至25℃以下，才能旺盛生长。缓苗期的长短与定植期和高温时间有关，一般30～60天。

②葱白形成期　入秋天气转凉后，从9月初到11月份收获为止，气温在13℃～25℃条件下，进入旺盛生长期，一般60～70天。每株功能叶片增至6～8片，这时叶片生长最快，寿命较长，而且叶片依次增大，并制造大量有机物质储藏于假茎中，使假茎迅速伸长和加粗。假茎增粗膨大最适温为13℃～20℃，日平均温度在20℃～25℃时叶片和全株重量增加最快。白露前后，为大葱最适宜生长的季节，是肥水管理的关键时期，也是培土软化的适宜季节。

③葱白充实期　从全株重量达最大值，至假茎重量不再增加，为假茎充实期。随着外界气温的降低，叶片生长趋于停滞，假茎的生长速度减慢，霜冻后，葱株旺盛生长停止，叶身和外层叶鞘的养分向内层叶鞘转移，充实假茎，使大葱的品质提高，进入大葱的收获季节。

④储藏（越冬休眠）期　进入冬季，大葱充分长成后，寒冷地区供食用的收获储藏；作种株的收获储藏越冬，不太寒冷的地区可原地越

冬。大葱通过低温春化阶段，翌年抽薹开花。

2. 生殖生长阶段 葱苗端转化为生殖顶端开始至抽薹开花、种子成熟，为生殖生长期。生殖生长期共需 80 天左右，此生长阶段又可分为以下 4 个生长期。

（1）种株返青期 在葱的生育周期中，没有生理休眠阶段，冬季葱株停止生长是由低温造成的。只要日平均温度达到 7℃以上，便可随时恢复生长。

翌年春季种株定植后，开始生长发育，冬前分化尚未长出叶鞘的 3～4 片幼叶，春季先后长出，花器官也分化生长，至总苞露出时为止，此期为种株返青期。成株大葱的返青期是营养生长和生殖生长的过渡阶段。

（2）抽薹期 花茎伸长生长，花薹顶部的花苞露出叶鞘到花薹长成，至花苞破裂为抽薹期，主要是花器官的发育。发育适温为 12℃～20℃。花茎有较强的光合能力，花茎的健壮生长，对种株开花结实有很大影响。

（3）开花期 花苞破裂后，小花由中央向周围依次开放至开花结束，为开花期。发育适温为 16℃～20℃。每朵小花花期 2～3 天，同一花苞花期约 15 天。

（4）种子成熟期 从谢花到种子成熟为种子成熟期。发育适温为 20℃～24℃。大葱花序中各花开放的时间不同，种子成熟也不一致。开花较早时，温度稍低，从开花到种子成熟需 30 天左右，后期温度高，种子发育快，需 20 天左右。种子成熟，蒴果开裂，要及时采收，防止种子脱落。

（三）对环境条件的要求

大葱对环境条件适应性较广，但在适宜条件下，才能获得优质高产。

1. 温度　大葱是耐寒性蔬菜，耐寒能力较强，幼苗和种株在土壤积雪和保护物覆盖下，可在－30℃～－40℃低温露地越冬，但耐热性较差。大葱种子发芽始温为2℃～5℃，发芽适温为15℃～25℃。在7℃～20℃条件下，随温度的增高而种子萌芽出土所需的时间缩短，需2～3天即可发芽。超过20℃时，对提早出苗有一定影响。大葱叶片生长最适温为13℃～15℃，在10℃～20℃条件下葱白生长旺盛，温度超过25℃，则生长迟缓，植株细弱，形成的叶片和假茎品质也较差。

葱为绿体通过春化的植物，萌动的种子不能感受低温，必须长到3片真叶以上的植株，于2℃～5℃条件下经60～70天方可通过春化阶段。所以，大葱成株在露地或储藏窖内越冬时，就可感受低温，通过春化。通过春化后，苗端停止分化叶片，转为花芽。播种过早，越冬前幼苗长得过大，4叶期幼苗就有部分植株发生先期抽薹；若播种过晚，幼苗较小，营养物质积累少，易出现越冬死苗现象。

2. 光照　大葱对光照强度要求不高，光补偿点为2 500勒[克斯]，饱和点为25 000勒[克斯]。光照过低，光合作用弱，有机物质积累少，生长不良；光照过强，叶片容易老化。葱健壮生长需要良好的光照条件，不耐阴，也不喜强光。大葱对日照长度要求为中性，只要在低温下通过了春化，不论在长日照下或短日照下都能正常抽薹开花。

3. 水分　大葱叶片呈管状，表面有层蜡质，能减少水分蒸腾，故而耐干旱。但根系侧根少，无根毛，吸水能力差，所以大葱各生长发育期，都须供应必需的水分，才能保证苗齐、株壮、白粗、结实率高、子实饱满。幼苗生长旺盛期、叶片生长旺盛期、开花结实期对水分的要求较多，应保持较高的土壤湿度。大葱不耐涝，炎夏高温多雨季节，应及时排水防涝，防止沤根死苗。大葱幼苗定植前、缓苗后、抽薹期也应控制水分，使植株生长健壮。

4. 土壤营养　大葱对土壤适应性较强,由沙壤土到黏壤土均可栽培。但大葱根群少,无根毛,吸收能力较弱。苗床和定植地应选择在土层深厚、保水力强、排灌良好、富含有机质的疏松沙壤土栽培为佳,以便于大葱培土,软化。大葱在沙性土中栽培,假茎洁白、美观,但质地松软,耐贮性差;在黏性土中栽培,假茎质地紧密,辛辣味浓,耐贮藏,但色灰暗,不光洁,也不便于培土管理和深刨收获;在壤土中栽培则产量高,品质好。

大葱对土壤 pH 值要求 6.9～7.6,pH 值低于 6.5 或高于 8.5 对种子发芽、植株生长都有抑制作用。大葱对土壤中的氮肥最敏感,使用氮肥有显著的增产效果。但仍需配施以磷、钾等肥料才能生长良好,品质佳。据研究分析,每 1 000 千克大葱产品需从土壤中吸收氮 2.7 千克、磷 0.5 千克、钾 3.3 千克。土壤中缺少硫元素,对大葱产量也有影响。

二、大葱需肥、吸肥特点

(一)大葱的吸肥能力

大葱的根系为弦线状须根,着生于短缩茎上,并随茎的伸长而陆续发生新根。根分枝性弱,根毛较少。根群主要分布在表土 30 厘米范围内。深培土的情况下,根系不是向深处延伸,而主要是水平延长和向上发展。根系吸收肥水能力较弱,要求有较高的土壤肥力。生长期间要及时追肥,前期以氮肥为主,配合施用磷、钾肥,后期以磷、钾肥为主。大葱要求中性土壤,pH 值以 7.0 为最适宜。

(二)不同生育期的吸肥特点

大葱在不同生育期,生长量不同,生长中心也发生变化,对肥料的吸收量和吸收利用的营养元素存在差异。在大葱生产过程中，主要可以分为以下几个时期。

1. 发芽期　大葱从种子萌动露出胚根到长出第一片真叶为发芽出土期。胚根和子叶的生长，由种子中胚乳供给营养，几乎不需要外界供给营养，但在末期及时供给外界营养有利于由发芽期向幼苗期的顺利过渡。

2. 幼苗期　幼苗期分为越冬前幼苗期和返青后育苗期 2 个阶段，并且这 2 个阶段的需肥特点存在很大差异。

(1)*越冬前幼苗期*　大葱从第一片真叶长出到定植为幼苗期。北方秋播大葱幼苗期长达 8～10 个月。秋播大葱从第一片真叶出现到越冬为越冬前幼苗期。此时气温偏低，大葱生长量较小，大葱需肥量也较少，在苗床施足基肥的情况下，一般不需要施肥，多施肥反而易造成幼苗过大而发生先期抽薹，或使幼苗徒长而降低越冬能力，不利于培育冬前壮苗。

(2)*返青后幼苗期*　从翌年春返青到定植为返青后幼苗期，这一时期幼苗生长旺盛，为培养壮苗的关键时期，应及时追壮苗肥，以速效氮肥为主。

3. 发叶期　8 月上旬大葱进入发叶盛期前，需肥量增大，要进行 1 次追肥，隔半个月左右大葱生长进入发叶盛期，再进行第二次追肥。

4. 葱白形成期　9 月下旬至 10 月上旬是大葱光合产物加快运转储存、葱白产量显著增加的时期，也是产品形成前需肥的高峰期。大葱进入葱白形成盛期，其假茎迅速伸长和增粗，这时是肥水管理的又一关键时期。应结合培土和浇水，分期追施速效肥及钾肥，促进植株生长，加速葱白的形成。

5. 生长后期　进入 10 月份，因为肥料已经比较充足，叶片数及叶面积已增至峰值，所以不需再追肥。

三、不同种类肥料对大葱生长发育、产量、品质的影响

大葱生产过程中，施用肥料的种类及数量对大葱的生长发育、产量和品质影响很大，氮素是决定大葱产量的重要因素，磷影响着大葱根系的发生与生长，钾主要是参与光合作用和光合产物的运输，喷施含微量元素的叶面肥也能显著提高大葱的产量和品质。下面分别介绍一下各种肥料在大葱生产中的重要作用。

(一)有机肥

有机肥是指含有大量有机物质的肥料，主要有人畜粪尿、饼肥、绿肥、杂肥等，又称农家肥料。生产上主要使用畜禽粪肥居多，猪粪的营养成分比较均衡，对提高土壤有机质、碱解氮、有效磷和速效钾含量作用较大；牛粪对提高土壤有机质和碱解氮的作用较大；鸡粪对提高土壤有效磷和速效钾的作用较大。在大葱栽培过程中，施用3种有机肥不仅都能够提高地力，还能提高大葱产量并改善其品质。从营养成分供给方面来考虑，多施用猪粪为好。

(二)氮　肥

大葱叶片的生长需要较多的氮肥，如果氮不足，不但叶片数少，叶面积小，而且叶身中的营养物质向叶鞘运输储存的也少，这样就影响了大葱假茎的产量和品质。大葱对氮素营养的反应十分敏感。在施用同样基肥的基础上，在缓苗越夏和葱白生长盛期中，缺氮减产显著，缺钾次之，缺磷影响较轻。当土壤水解氮低于60毫克/千克时，施氮肥有显著增产效果。在大葱生长盛期，要求土壤水解氮保持在80～100毫克/千克可提高产量。

（三）磷　肥

磷参与植株各部位的生理活动，能促进新根发生，增强根系活力，扩大根系营养吸收面积，对培育壮苗，提高幼苗抗寒性和产量有重要作用。大葱在育苗期，床土磷肥不足，不但苗重比一般苗床明显减低，而且在定植后，植株的生长，也会受到严重影响。在土壤速效磷含量低于 20 毫克/千克和有机肥少时，需要补充磷肥。

（四）钾　肥

钾参与绿叶光合作用的功能活动和促进碳水化合物酶运输，集中活跃在分生组织和代谢旺盛的重要部位。钾对幼苗生长的大小似乎无不良影响，但在假茎肥大前后缺钾或少钾却会影响产量。在大葱植株进入生长盛期，土壤速效钾含量低于 120 毫克/千克时，施用钾肥可提高假茎的品质和单位面积产量。

钙、镁、锰、硼和硫等营养元素对大葱的生长和品质也有一定作用，在氮、磷、钾肥料供应充足的情况下，增施钙、镁、锰、硼、硫肥等，可促使葱白增长、增粗，产量提高，品味变浓。

四、大葱营养元素失调症状及防治

（一）大葱缺素症状及防治

1. 缺氮症　大葱缺氮叶色淡绿，植株生长弱小。

2. 缺磷症　大葱缺磷植株生长弱小，叶色正常。

3. 缺钾症　叶片上发生黄绿色条斑，容易从叶尖枯干。

4. 缺钙症　新叶的中下部发生不规则白色枯死斑点。

5. 缺镁症　叶色淡，叶脉间呈淡绿色。

6. 缺铁症 新叶的叶脉间变成淡绿色，接着整片新叶呈淡绿色。

7. 缺锰症 叶脉间部分淡绿色，易发生不规则白色斑点。

8. 缺铜症 大葱缺铜叶色较淡，植株生长弱小。

9. 缺硼症 新叶生长受阻，严重时易枯死，易出现畸形。

菜农可根据大葱的生长状况进行准确诊断，然后及时补施相应的肥料，促进大葱正常生长，以提高大葱的产量及品质。

（二）大葱过量施肥的危害

过量施肥不仅增加生产成本，降低效益，而且污染土壤和地下水，破坏生态平衡，还会影响产量和品质，直接或间接地危害人、畜健康。

1. 过量施氮 过量施氮会导致大葱植株徒长柔弱，叶片浓绿，易倒伏和感染病虫害，进而造成大葱减产。降低土壤有机质、破坏土壤团粒结构、地下水硝酸盐污染。更严重的是大葱硝酸盐含量上升，硝酸盐能被还原为有毒物质亚硝酸盐，严重危害人体健康。土壤微生物的氮素供应每增加 1 份，相应消耗的碳素就增加 25 份，所消耗的碳素来源于土壤有机质。土壤有机质含量降低了，就会影响微生物的活性，从而影响土壤团粒结构的形成，导致土壤板结。

2. 过量施磷 过量施磷会造成土壤板结、某些中微量元素被固定、缺素症发生严重等危害。磷肥中的磷酸根离子与土壤中钙、镁等阳离子结合形成难溶性磷酸盐，既浪费磷肥，又破坏了土壤团粒结构，致使土壤板结。

3. 过量施钾 过量施钾会造成土壤板结、缺素症发生重（钾过量，易缺镁。钾与铁为拮抗作用，互相影响吸收，钾过量，易缺铁）等危害。钾肥中的钾离子置换性特别强，能将形成土壤团粒结构的多价阳离子置换出来，而一价的钾离子不具有键桥作用，土壤团粒结构

的键桥被破坏了，也就破坏了团粒结构，致使土壤板结。

(三)避免过量施肥的对策

第一，要在大葱施肥上一改过去传统方式，改变盲目施肥为优化配方施肥。

第二，要加强和完善配方施肥中的各项技术措施。在配方施肥过程中要充实完善施肥参数，如单位产量养分吸收量、土壤养分利用率、化肥利用率等，这些参数随生产条件的变化亦在不断改变，在原来化验土壤、植物营养需求的基础上，新增环境条件分析项目，来不断充实完善施肥参数，优化配方施肥。

第三，要增加有机肥在配方施肥中的比重。

第四，要加大对微肥及生物肥的利用。微肥能平衡大葱所需的养分，而生物肥料又能通过自身所含有的微生物分泌生理活性物质，能起到固氮、解磷、解钾、分解土壤中的其他微量养分，改善土壤的理化性状，使土壤能供给大葱各种养分，促进大葱生长。

第五，要协调大量元素与微量元素之间的关系。人们在配方施肥中，往往重视氮、磷、钾等大量元素的使用，而忽视了微量元素肥料的施用。增施微量元素或喷施微量元素生长剂及复合生物生长剂，都能使养分平衡供应，促进大葱体内营养快速转化，减少有害物质的积累，是促使大葱抗病、防病，并增加产量、提高品质的好方法。

五、大葱施肥技术

大葱按茬口主要分为春播大葱(无霜期 200 天以上地区)和秋播大葱(无霜期 180 天以下地区)，无霜期 180～200 天的地区既可秋播也可春播，根据实际生产需要而定。大葱施肥主要分为苗床施肥、田间施肥和叶面施肥 3 部分。

(一)苗床施肥

1. 基肥 苗床肥以基肥为主,前作收获后及时灭茬,施入基肥,及早翻耕,使土壤充分熟化。每667米^{2}施入腐熟的有机肥2 500千克,氮磷钾(三元)复合肥(15－15－15)5千克。

2. 追　肥

(1)春播葱追肥　春播育苗,因苗期较短,应以"促"为主,加强肥水管理,促进幼苗迅速生长。在3叶期后结合浇水追肥3～4次。每次每667米^{2}追施尿素8千克左右。

(2)秋播葱追肥　秋播育苗时,冬前应控制肥水,防止幼苗生长过快。一般冬前不追肥。浇封冻水后趁墒盖一层腐熟的马粪、圈肥或草木灰,厚1～2厘米,有利于防寒保墒,保护葱苗安全越冬。春季返青后,可结合浇返青水追肥1次,每667米^{2}追施尿素10～13千克,促进幼苗生长。当幼苗进入旺盛生长期后至定植前,生长显著加快,应结合间苗浇水追肥2～3次,每次每667米^{2}追施尿素8千克左右,前期也可灌稀粪等,以满足幼苗旺盛生长的需要。

(二)田间施肥

1. 基肥 一般在整地前每667米^{2}施入腐熟的有机肥5 000千克、三元复合肥40千克,深翻入土,并使之与土壤充分混匀。开沟后,每667米^{2}在沟底集中施入腐熟的有机肥350千克左右、三元复合肥10千克,深刨沟底,使肥土混合均匀,并将沟内土壤搂细耙平。

2. 追肥 定植后葱苗生长缓慢,当度过雨季后,天气逐渐转凉,葱株进入旺盛生长期,老叶逐渐枯黄,新叶不断发生。在具备良好的营养状况和黑暗的条件,可以促使多发叶和叶鞘的生长。立秋以后立即追肥,第一次追肥,每667米^{2}施尿素10千克,施后随即浅锄1次,并浇水1次。过15天左右追第二次肥,施尿素15～20千克、硫

酸钾 20 千克，施肥后结合深锄，进行培土，随即浇水。再过 25～30 天进行第三次追肥，每 667 米^2 追施尿素 15～20 千克、硫酸钾 20 千克，追肥后浇水、培土，此时葱白迅速增重而充实，直至收获。如果土壤肥力较高，基肥充足，可不进行第一次追肥。生长期较短和土壤保肥力好的地区，可免去第三次追肥。

（三）叶面施肥

为了加强葱苗防病能力，可用 0.2%磷酸二氢钾、尿素混合液或用商品叶面肥喷施，每 7～10 天喷施 1 次，连续喷 2～3 次。使葱苗生长势强，提高抗病害和抗风能力。

第四章　大蒜科学施肥技术

大蒜，别名蒜，古称葫、胡蒜。起源于中亚（包括印度的西北部、阿富汗、塔吉克斯坦和乌兹别克斯坦以及天山西部）。最早在古埃及、古罗马和古希腊等地中海沿岸国家栽培，开始只是用于预防瘟疫和治病。公元前 113 年，汉代张骞出使西域，通过“丝绸之路”将大蒜引入陕西关中地区，以后遍及全国。大蒜在我国已有 2 000 多年的栽培历史，是城乡人民喜爱的蔬菜和调味品。我国是世界上大蒜的主要生产国和主要出口贸易国，大蒜产品远销东南亚、日本、中东、美洲、欧洲、越南和俄罗斯等国家及地区，为国家换取了大量外汇。

大蒜以鳞茎（蒜头）、蒜薹和幼苗为产品。在光照下栽培的幼苗为青蒜，遮光栽培者为蒜黄。蒜苗冬春供应市场；蒜薹春、夏供应市场，并可贮藏延至冬季供应；蒜头耐贮运，又可腌制及脱水加工等，供应期长。因此，大蒜是四季常有的蔬菜。

蒜头中的碳水化合物、蛋白质、磷、维生素 B_1 及烟酸含量，蒜苗中的蛋白质、钾、胡萝卜素、维生素 B_1、维生素 B_2、维生素 C 含量，蒜黄中的维生素 B_1 及磷的含量在大宗蔬菜中是比较高的，并含有人体必需的多种氨基酸。

据研究，新鲜蒜头中微量元素硒的含量在蔬菜中是最高的，达到 0.276 微克/克，一般蔬菜的含硒量仅为 0.01 微克/克。硒是人体必需的微量元素，并具有抗氧化功能，被认为有防癌作用。大蒜中锗的含量为 73.4 毫克/100 克，在植物中也是比较高的。

大蒜含有 0.2%挥发油，内含蒜氨酸。蒜氨酸没有挥发性，也没有臭味，只有在切蒜时蒜氨酸在蒜酶的作用下才分解成有臭味的蒜辣素（大蒜素）。

大蒜的独特辛辣气味可以解除鱼、肉的腥味，增进食欲，是膳食烹调中不可缺少的调味品。大蒜还具有广谱抗菌作用，可治疗痢疾、肠炎等疾病，对植物的真菌性病害和害虫也有抑杀作用。现代医学研究证明，大蒜可降低血液中胆固醇含量，减少血液中糖的含量，预防心血管疾病、糖尿病。大蒜对乳腺癌、结肠癌、膀胱癌有预防作用。因此，大蒜被广泛用于医药、化工及食品工业等方面。

一、大蒜的生物学特性

（一）植物学特征

大蒜（*Allium sativum L.*）属百合科、葱属、1～2 年生草本植物。通常不结种子，用蒜瓣进行无性繁殖。一株完整的大蒜植株由根、鳞茎、叶鞘、叶身、花茎、总苞和气生鳞茎组成。

1. 根　大蒜的根是从蒜瓣基部的茎盘上发生的，为弦线状须根，称为不定根，没有主根。蒜瓣背部（外侧）的茎盘边缘发根较多，腹部（内侧）发根较少。主要根群集中在 5～25 厘米深的土层内，横向分布范围约 30 厘米，属浅根性蔬菜。须根上根毛少，吸水力弱，所以喜湿、喜肥，不耐旱。

播种以前，蒜瓣的茎盘上已出现米粒状的根突起；播种以后，在适宜的温度和湿度条件下迅速长出新根。早发生的根随茎盘的增大而逐渐衰老、死亡，新发生的根取而代之，不断进行更新。大蒜的全生育期有 2 次发根高峰：第一次在发芽期，发根数为 20～30 条；第二次在“退母”后，发根数为 50～80 条。1 棵成龄植株的发根数为 100 条左右。蒜薹采收以后，根系不再增长，并逐渐衰亡。

2. 茎　在营养生长期，大蒜的茎短缩呈不规则盘状，节间极短，生长点被叶鞘所覆盖。植株分化花芽后，从茎盘顶端抽生花薹（蒜薹），但在花序上一般不着花，或者生发育不完全的紫色小花，所以不能形成种子。偶尔形成种子也发育不良，无使用价值。南欧蒜有时可形成种子。部分植株在总苞中能形成气生鳞茎。气生鳞茎与一般蒜瓣并无本质差别，也可作为播种材料。但由于体积过小，播种当年一般形成独头蒜，用独头蒜再播种，便可形成分瓣的蒜头。

3. 叶 播种用的蒜瓣中除肉质储藏叶和发芽叶外，到播种时一般还已分化出 2～3 片普通叶。播种后，最先长出的 1 片叶，只有叶鞘，没有叶身，为发芽叶，称初生叶。以后陆续长出普通叶，既有叶鞘，又有叶身。在新叶生长的同时，生长锥继续分化叶片，叶片数逐渐增加。待生长锥分化花芽后，叶片的分化结束，叶片数不再增加。叶鞘呈圆筒形，着生在茎盘上。每一片叶均由先发生的前一片叶的出叶口伸出，许多层叶鞘套在一起，形成直立的圆柱形茎秆，由于它不是真正的茎，故称“假茎”。叶与叶之间的叶鞘长度随叶位的升高而增加。一般在花茎伸出最后一片叶的叶鞘口以后，叶鞘停止生长。叶鞘的长短和出叶口的粗细，与抽取蒜薹的难易有关。叶鞘越长、出叶口越细的品种，蒜薹越难抽出。

大蒜的叶片互生，对称排列。叶片的排列方向与蒜瓣的背腹连线垂直。所以，播种时将蒜瓣背腹连线与播种行的方向相平行，则出苗后叶片的排列方向就和播种行的方向垂直，这样一来，叶片与叶片之间的遮阴减少，可以接受更多的阳光，增强叶片的光合作用。大蒜叶片的颜色多为绿色至深绿色。叶面一般有白粉。叶片绿色的深浅，叶片的长度和宽度，叶片质地的软硬与白色蜡粉的多少，叶鞘的长短和粗细，叶片数目的多少以及叶片的开张程度等，都与品种有关。叶数因品种不同而异，一般为 9～13 片。叶数越多假茎越粗。

幼苗期，假茎上下粗度相仿，鳞芽分化以后，由于鳞芽逐渐膨大，叶鞘基部随着增粗，鳞茎成熟时，因为叶鞘基部所积累的营养物质内移到鳞芽，所以外层叶鞘逐渐干缩成膜状，包裹着鳞芽，使鳞芽得以

长期储存。

大蒜叶数越多，叶面积越大，维持同化功能的日数越长，对蒜薹和鳞茎的生长就越有利。所以，在鳞茎形成前促进叶面积扩大，鳞茎形成期应防止叶片早衰。

4. 鳞茎　通常所称的蒜头，植物学名词是鳞茎。构成鳞茎的各个蒜瓣，植物学名词叫鳞芽。蒜头和蒜瓣的基部都有一个扁平的盘状致密组织，称茎盘。它与植物正常的茎不同，属于茎的变态，又称变态茎。蒜头成熟以后，茎盘木质化，有保护蒜瓣、减少水分散失的作用，所以打算贮藏时要用完整的蒜头。

鳞芽是由大蒜植株叶片叶腋处的侧芽发育而成，所以又称"鳞腋芽"。鳞芽由 2～3 层鳞片和 1 个幼芽构成。外面 1～2 层鳞片起保护作用，称保护鳞片或保护叶。最内一层是储藏养分的部分，称储藏鳞片或储藏叶。在鳞茎肥大时，保护叶中的养分逐渐转运到储藏叶中，最终形成干燥的膜，俗称蒜衣，储藏叶则发育成肥厚的肉质食用部分。储藏叶中包藏 1 个幼芽，称为发芽叶。

鳞茎中鳞芽的着生位置及数目多少因品种不同而异。大瓣蒜的鳞芽着生于靠近花薹最内 1～2 层叶腋间，一般每个叶腋间发生 2～3 个鳞芽，形成 4～6 瓣的鳞茎，鳞芽大小基本相似。小瓣品种最内 1～6 层的叶腋间均可发生鳞芽，但以 1～4 层为多，每个叶腋间可形成 2～4 个鳞芽，各组鳞芽交错排列，形成 10～20 瓣的鳞茎，鳞芽数多，大小不一。鳞茎的大小取决于鳞芽数目的多少和每个鳞芽的大小。一般以鳞芽数目较少，而单个鳞芽较大，排列整齐，外形圆整，鳞茎横径较大者为优质鳞茎。在植株的发育过程中，因一些因素影响而不能形成侧芽时，则顶芽的内层鳞片积累养分变为肥厚的储藏叶，形成独瓣蒜（独头蒜）。

（二）生长发育周期

大蒜以无性器官鳞芽即蒜瓣繁殖。从种瓣播种到形成新的蒜瓣、休眠，而完成生育周期。春播大蒜当年完成生育周期，全生育期90～100天；秋播大蒜2年完成生育周期，全生育期220～270天。整个生育周期可划分为萌芽期、幼苗期、花芽鳞芽分化期、蒜薹伸长期、鳞茎膨大期和休眠期，各生长时期形态明显不同。

1. 萌芽期 从播种到初生叶伸出地面，一般10～15天。须根由种瓣茎盘基部成束发出，发生新根30余条，根系以纵向生长为主，芽鞘破土放出幼叶，生长点陆续分化新叶。萌芽期根、叶的生长依靠种瓣供给营养，种瓣约1/2干物质用于生长。

2. 幼苗期 从初生叶展开到花芽、鳞芽开始分化。此期根系由纵向生长转向横向生长，根长增长速度达到高峰。新叶分化完成，展叶数增多到5～6片，占总叶数的50%左右，叶面积扩大，占总叶面积的40%左右。植株由异养生长逐渐过渡到自养生长阶段，种瓣营养物质被植株消耗，本身逐渐萎缩，直至干瘪成膜状，称此过程为“退母”或“烂母”。“退母”时因营养供应青黄不接，植株出现叶尖枯黄现象，称为“黄尖”。为减少或避免黄尖，应提前灌水追肥。

3. 花芽和鳞芽分化期 从花芽和鳞芽开始分化到分化结束为止，10～15天。一般花芽分化早于鳞芽分化。但品种间有差异，有的品种花芽和鳞芽几乎同时分化。一般植株顶芽形成花芽，叶芽分化终止，展出1片新叶，总叶数达6～7片，叶面积扩大，新根增多，叶面积达总叶面积的50%左右，营养物质积累加速，为花芽伸长和鳞芽膨大创造物质基础。

大蒜花芽和鳞芽分化都需要一定时间的低温，同时还与植株营养状况有关。如果播种过晚，植株经受低温时间不足，或因植株营养体小，仅顶芽分化为鳞芽，以后遇到高温和长日照则形成无薹独头

蒜。种瓣过小、栽植密度过大、土壤瘠薄、肥水不足等均会影响花芽、鳞芽的分化，从而导致独头蒜的产生。但鳞芽分化与花芽分化所需的条件不尽一致，独头蒜无蒜薹，但无蒜薹的不一定都是独头蒜，如果植株的营养条件不能满足花芽分化，而满足鳞芽分化的要求，则形成无薹多瓣蒜。

4. 蒜薹伸长期　花芽分化结束到蒜薹采收止。花芽分化后，在长日照和较高的温度条件下抽生蒜薹。蒜薹伸长过程先后经过"甩缨"、"露尾"（总苞先端露出叶鞘）、"露苞"（总苞膨大部分露出叶鞘）、"打钩"（蒜薹先端向一旁弯曲），直到"白苞"（总苞变白）。在总苞伸出叶鞘前，蒜薹伸长缓慢；甩缨后，伸长加快；"打钩"时，蒜薹伸长速度开始减慢，纤维增多，品质逐渐降低，一般应在白苞前采收。在这个时期内营养生长与生殖生长齐头并进，分化叶全部展出，叶面积、株高达最大值，同时伴随着鳞芽的缓慢生长，是大蒜植株旺盛生长时期，也是肥水管理的重要时期。

5. 鳞芽膨大期　从鳞芽分化结束到鳞茎采收止。鳞芽膨大前期与蒜薹伸长后期重叠，因营养物质主要用于蒜薹的伸长，鳞芽膨大缓慢。蒜薹采收前 1 周，鳞芽膨大才开始加快。蒜薹采收后，鳞芽迅速膨大，进入鳞芽膨大盛期，直到鳞茎采收前 1 周，鳞芽膨大速度才缓慢下来。鳞芽膨大盛期叶片不再增长，但前期叶片仍保持较旺盛的同化作用，制造营养物质，以供鳞芽发育需要；鳞芽膨大后期，随着叶片、叶鞘中的营养物质向鳞芽中的转移，地上部逐渐枯黄变软。膨大盛期应保持土壤湿润，促进养分向鳞芽转移储藏，避免叶片损伤，延长功能叶片的寿命。

鳞芽是大蒜营养物质的储藏器官，鳞芽的肥大以同化物质的输入、储藏为主要生理活动，并以较高的温度（15℃～20℃）和较长的日照为必要的环境条件，温度低于 15℃、日照时数不足，则鳞芽不膨大。

6. 休眠期 大蒜鳞茎形成后即进入休眠期。前期为生理休眠期，即使给予适宜温度、水分和通气条件，也不萌动。生理休眠期结束后，进入被迫休眠期。大蒜鳞茎在30℃高温下贮藏，休眠期达10个月左右，短时期放置在4℃低温条件下有解除休眠作用。

（三）对环境条件的要求

1. 温度 大蒜在冷凉的环境条件下生长良好。适应温度范围为－5℃～26℃。大蒜通过休眠后，蒜瓣在3℃～5℃的低温条件下就可萌发，萌发的适宜温度为16℃～20℃。30℃以上的高温对萌发起抑制作用，所以秋季播种过早时，出苗慢。幼苗期的适宜温度为12℃～16℃。可耐短时间－10℃和长时间－3℃～－5℃的低温，冬季月平均最低气温在－6℃以上的地区，秋播大蒜可以在露地安全越冬。

大蒜花芽和鳞芽的分化都需要低温，在蒜头贮藏期间或栽种以后，经受10℃以下的低温1～2个月，除了很小的蒜瓣外，都可以分化花芽和鳞芽。花芽伸长和鳞芽膨大的适温为15℃～20℃，温度超过25℃时，茎、叶片逐渐枯黄，鳞茎增长减缓甚至停止。所以，无论秋播还是春播，即使播种期相差较大，而鳞茎的成熟期却相差很小。播种过迟必然导致蒜头产量下降。

鳞茎休眠期对温度的反应不敏感。但以25℃～35℃的较高温度有利于维持休眠状态；5℃～15℃的低温有利于打破休眠，促进鳞茎提早萌发。

2. 光照 花茎和鳞茎发育除了受温度的影响外，还与光照时间的长短有关。不同生态型品种对光照时间长短的反应也不完全相同。

低温反应敏感型品种，光照时间长短对花茎发育的影响不大，而鳞茎的发育以12小时光照为宜。在8小时日照长度下可形成鳞茎，

但鳞茎重有一定程度减少。

低温反应中间型品种，在 12 小时日照长度下，花茎发育良好；在 8 小时日照长度下，花茎发育不良。鳞茎在 13～14 小时光照下发育良好。

低温反应迟钝型品种，花茎发育需要 13 小时以上的光照。在 12 小时日照长度下一般不形成鳞茎，鳞茎发育需要 14 小时以上的光照。

大蒜是要求中等强度光照的作物。光照过强时，叶绿体解体，叶组织加速衰老，叶片和叶鞘枯黄，鳞茎提早形成；光照过弱时，叶肉组织不发达，叶片黄化。

3. 水分　大蒜叶虽具有较耐旱的生态型，但由于根系浅，根毛少，吸水范围较小，所以不耐旱，但不同生育期对土壤湿度的要求有差异。

播种后的萌发期要求较高的土壤湿度，以利于发根和萌芽。

幼苗期要适当降低土壤湿度，防止秧苗徒长，促进根系向纵深发展，避免蒜种因土壤过湿而提早腐烂，对幼苗生长造成不利影响。但是，在春播地区常遇春旱，土壤水分蒸发快，地面容易返碱，腐蚀蒜种，这时如土壤湿度低，幼苗生长缓慢，而且叶片易产生黄尖现象，所以要根据当年气候情况灵活掌握。

退母期要提高土壤湿度，促进植株生长，减少“黄尖”。退母结束以后，大蒜叶片生长加快，水分的消耗较多，需要保持较高的土壤湿度，促进植株生长，为花芽、鳞芽的分化和发育打基础。

花芽伸长期和鳞茎膨大期是大蒜生长旺盛期，要求较高的土壤湿度。当鳞茎充分膨大、根系逐渐变黄枯萎、鳞茎外面数层叶鞘逐渐失去水分变成膜状时，应降低土壤湿度，防止鳞茎外皮腐烂变黑及散瓣。

大蒜叶片呈带状，较厚，表面积小，尤其是叶表面有蜡粉等保护组织，地上部具有耐旱的特征。因此，大蒜能适应干燥的空气条件，适宜的空气相对湿度为45%～55%。在设施栽培中，因空气湿度大，很易诱发叶部病害。

4. 土壤 大蒜由于根系吸收力较弱，对土壤肥力的要求较高，适宜在富含有机质、透气性好、保水、排水性能好的沙质壤土或壤土中栽培。此外，还需注意选择地势较高、地下水位较低的地段栽培大蒜。如果在地下水位高而且排水不良的土壤上种蒜，抽薹后要在20天之内就挖蒜头，否则容易发生散瓣、烂瓣现象。同时，由于蒜头膨大期短，产量低。在地下水位低而且排水良好的土壤中种蒜，抽蒜薹后1个月才挖蒜，蒜头的膨大期较长，产量也较高。

大蒜喜微酸性土壤，适宜的土壤酸碱度为pH值5.5～6.0，pH值过低根端变粗，伸长生长受抑制，pH值过高则蒜种容易腐烂，植株生长不良，独头蒜增多，蒜头变小。

5. 肥料 大蒜对富含腐殖质的有机肥反应良好，增产效果显著。全生育期吸收的氮较多，钾次之，磷最少。大蒜对矿质营养的要求较高，形成1 000千克鲜蒜需从土壤中吸收N 14.83千克、P_2O_5 3.53千克、K_2O 13.42千克，吸收比例为4.2∶1∶3.8。缺氮对产量的影响最大，缺磷次之，缺钾的影响相对较小。

大蒜出苗期和幼苗期的生长主要靠种瓣中储藏的养分，从土壤中吸收的氮、磷、钾量很少，所以在使用基肥的基础上一般不需要再施种肥。特别是用碳酸氢铵、硝酸铵、尿素作种肥时，对根系有腐蚀作用。

进入花茎伸长期后，叶片和蒜薹的生长加快，吸收的氮、磷、钾迅速增加，至鳞茎肥大中期达最高峰，所以花茎伸长期是追肥的关键时期。追肥的种类以氮肥为主。鳞茎膨大后期，叶片逐渐枯黄，根系老化，吸收力减弱，吸肥量减少，一般不再追肥，特别要控制氮肥的施用，否则易导致鳞茎开裂和散瓣。

硫是大蒜风味品质成分的构成元素，增施硫肥不仅可以增进风味品质，还可以提高蒜薹和蒜头产量。

二、大蒜需肥、吸肥特点

（一）大蒜的吸肥能力

大蒜的根系为弦状肉质根系，主要分布在5～25厘米的耕层内，属浅根系蔬菜。大蒜对水、肥反应较敏感，表现出喜湿、耐肥、怕旱的特点。大蒜的根毛少，且细弱，根的吸收能力较差，因此生长期间需加强肥水管理。

（二）不同生育期的吸肥特点

春播大蒜当年完成生育周期，全生育期90～100天；秋播大蒜2年完成生育周期，全生育期220～270天。整个生育周期可划分为萌芽期、幼苗期、花芽鳞芽分化期、蒜薹伸长期，鳞茎膨大期和休眠期，各生长时期对营养元素的吸收动态，是随植株生长量的增加而增加的。

1. 萌芽期 从播种到初生叶伸出地面，一般10～15天。萌芽期根、叶的生长依靠种瓣供给营养，种瓣约1/2干物质用于生长。此期生长量小，生长期短，消耗的营养量也少。

2. 幼苗期 从初生叶展开到花芽、鳞芽开始分化。植株由异养生长逐渐过渡到自养生长阶段，随着幼苗的生长，种瓣因储藏营养逐渐消耗而减重，最终干缩（即农民习惯说的退母）。退母期一般在幼苗期结束前后，此时如土壤营养管理不当，植株易出现青黄不接而呈现叶片干尖。应及时施速效肥以培育壮苗。退母后的生长完全靠土壤营养供应，吸肥量明显增加。

3. 花芽和鳞芽分化期 从花芽和鳞芽开始分化到分化结束为止,10～15 天。此期以叶部生长为主,根系生长增强,植株进入旺盛生长期,营养物质积累加速,是生育的关键期,此时根系生长增强,加速了对土壤营养的吸收利用。

4. 蒜薹伸长期 花芽分化结束到蒜薹采收止。花芽分化后,在长日照和较高的温度条件下抽生蒜薹。在这个时期内营养生长与生殖生长齐头并进,分化叶全部展出,叶面积、株高达最大值,同时鳞芽缓慢生长,是需肥水量最大和肥水管理的关键时期,根系生长和吸肥能力也达到高峰。

5. 鳞芽膨大期 从鳞芽分化结束到鳞茎采收止。由于采薹解除了顶端优势,根系开始衰老,吸收的养分及叶片和叶鞘中储藏的养分大量向鳞茎输送,鳞茎加速膨大和充实,此时,由于叶和根逐渐衰老,吸肥量不大,鳞茎膨大需要的营养,多数来源于自身营养的再分配。膨大盛期应保持土壤湿润,促进养分向鳞芽转移储藏,避免叶片损伤,延长功能叶片的寿命。

鳞芽是大蒜营养物质的储藏器官,鳞芽的肥大以同化物质的输入、储藏为主要生理活动,并以较高的温度(15℃～20℃)和较长的日照为必要的环境条件,温度低于 15℃、日照时数不足,则鳞芽不膨大。

在大蒜的 3 个重要生育期(花芽鳞芽分化期、抽薹期、鳞茎膨大期)中,大蒜对氮、磷、钾的吸收量以抽薹期最大。蒜头来自土壤的物质供应远低于地上部物质的下运,说明大蒜生长中期吸收的营养物质储存在叶中,到鳞茎膨大时,储存物质再分配转移到蒜头中。因此,在生产实践中,注重中期施肥管理,培养地力,促进养分吸收,加速生物量的积累,为后期鳞茎膨大提供物质基础,对提高蒜头产量具有重要意义。

三、不同种类肥料对大蒜生长发育、产量、品质的影响

(一)有机肥

有机肥单独施用或与化肥配合施用能够通过增大叶面积,促进大蒜生长发育,提高蒜苗产量。增施有机肥能够显著降低蒜苗硝酸盐含量,提高硝酸还原酶的活性的趋势。有机肥在一定程度上还可以提高大蒜可溶性蛋白质、蒜苗维生素 C、大蒜蛋白质含量,使品质得到一定的改善。

(二)氮　肥

氮是大蒜养分管理中最为重要的营养元素之一。因为它是蛋白质的重要成分,又是核酸、核蛋白、叶绿素以及许多酶、激素的组成成分,是植物生长发育的最主要限制因子。大蒜对氮的需求量很高,每生产 1 000 千克大蒜需吸收氮 4.2～5.1 千克。氮素供应充足,植株生长速度加快,营养体大,叶片浓绿而厚实。施用氮肥,一般蒜头增产 16.4%～30.2%,蒜薹增产 8.3%～28.4%;大蒜经济合理施氮量范围为每 667 米^2 12.88～21.91 千克,此时大蒜每 667 米^2 产量在 1 182.68 千克以上。

(三)磷　肥

磷是植物体内许多重要化合物的组成元素,在缺磷土壤上增施适量磷肥可以促进植物生长。大蒜可溶性糖随施磷水平的提高呈增加的趋势,维生素 C 的含量随施磷量增加呈下降趋势。大蒜施用磷肥量在一定水平上可提高叶绿素的含量,但到一定程度后反而会有下降趋势。在一定施磷范围内,植物体内钾的含量随磷水平的提高而升高,磷促进钾的吸收,但到一定程度后,似乎对钾的吸收有抑制作用。施磷可增产 38.7%~122.6%,施磷(P_2O_5)280 毫克/千克可以获得较佳产量。施磷降低钙的含量,使大蒜素的形成减弱。

(四)钾　肥

钾能促进光合作用,钾具有增强植物抗逆性、抗旱性和抗倒伏的能力。钾对提高作物产量和改善农产品质量方面的作用已在许多作物上证明,但至今在钾对大蒜产量、品质方面的研究报道很少。大蒜施用钾肥有明显的增产效应,对大蒜品质也有明显的改善作用,施钾表现对大蒜头的外观形态的改善,单果重增加,蒜头内可溶性碳水化合物、氨基酸总量增加。钾肥则以增产效应为主,并通过提高产量来间接提高蛋白质的总量。施钾效应大小与钾肥用量、施氮水平、有机肥施用有关。蒜薹的产量随着钾肥用量的提高而提高,特别是在低用量时,产量增加的幅度很大,继续增加钾肥的用量,产量仍然呈现增长的趋势,但幅度没有低用量时的大。施用钾肥能提高蒜苗和蒜薹的维生素 C 和可溶性糖含量,改善大蒜品质。

(五)硼　肥

硼可促进蛋白质合成和硝酸还原酶活性及菌根的生长,有助于增强固氮能力,而且硼能影响叶绿体结构,并促进糖的运输。在现有肥力基础上,增施一定量的速效硼可提高鳞茎中大蒜素含量。当土壤速效硼含量达 1.10 毫克/千克时,较有利于大蒜素的形成。

(六)锌　肥

锌是植物体内许多合成酶的组成成分,能有效地促进光合作用,参与生长素与蛋白质的合成。施用锌肥具有明显的增产作用,每

667 米^2 施锌肥 3 千克产量最高，达 2 085 千克，比不施锌的每 667 米^2 1 845 千克增产 240 千克，增产 12.9%。建议在大蒜生产中，每 667 米^2 施硫酸锌 3 千克，此时产量与效益最高。

锌在一定范围内也可增加鳞茎大蒜素含量，土壤速效锌含量 11.33 微克/克时，可显著增加鳞茎大蒜素含量，超过一定范围大蒜素含量则依次降低。

(七)铜　肥

铜作为植物必需的微量元素，可影响植物的氮素代谢，在一定范围内，铜有利于鳞茎大蒜素的形成，但大蒜对其需求量不高。

(八)硫　肥

硫是所有植物生长发育不可缺少的 16 种主要营养元素之一，目前已被认为是继氮、磷、钾后第四位主要营养成分，已引起国际植物营养界的高度重视。硫在植物体内许多功能和氮相似，其吸收量与磷相近，只有当作物吸收充分数量的硫后才可能实现高产和优质，土壤硫是作物吸收的主要来源。当土壤速效硫含量达 8.86 微克/克时，大蒜素含量最高。大蒜是需硫量较多的作物，其体内累积的硫可达 0.3%～0.6%(以干基计)，蒜头内含有大量的含辛辣物质(以硫为主成分)，是大蒜品质评价的重要指标之一。同时，大蒜中重要含硫氨基酸——蒜氨酸具有极其丰富的生物及药理活性，故大蒜的硫营养状况不仅影响大蒜的产量，还与大蒜的品质关系极为密切。而张翔等也指出，每 667 米^2 增施硫肥 6 千克对大蒜增产效果最佳，大蒜辣素含量增加，使大蒜具有特殊的辣香气味，具有营养和药用价值。

大蒜的硫营养状况与土壤质地、pH 值、颗粒组成、有机质含量、硫肥种类及硫与其他元素间的相互作用等有关。对种植在石灰性土壤上的大蒜施以有机肥和硫肥，有机肥和硫肥均能促进大蒜生长，提高产量和质量，促进大蒜对 N、P、K 的吸收及三硫和二碳化合物的形成。同时发现，高硫水平较低硫水平增产效应明显，在增施有机肥的情况下，硫肥的效应更加显著。

(九)钙　肥

钙是细胞壁的重要组成成分。钙可以促进其他养分元素的吸收。

(十)镁　肥

镁是叶绿素分子的中心元素。镁是许多酶的活化剂，参与代谢过程。镁可以促进维生素的合成。

四、大蒜营养元素失调症状及防治

(一)大蒜缺素症状及防治

1. 缺氮症　缺氮时地上部和根系生长都显著受到抑制。缺氮对叶片发育的影响最大，叶片细小直立，与茎的夹角小，叶色淡绿，严重时呈淡黄色。失绿的叶片色泽均一，一般不出现斑点或花斑。

2. 缺磷症　缺磷植株的叶小，叶色呈暗绿色或灰绿色，缺乏光泽。植株生长迟缓、矮小、瘦弱、直立，根系不发达，成熟延迟，果实较小。大蒜是一种需磷较高的蔬菜，大蒜缺磷与其他大田作物一样，植株矮小，根系短少，叶片直立狭窄，叶色暗绿、苍老，无光泽，下部叶片比供磷充足的大蒜植株提早枯黄，降低产量。

3. 缺钾症　缺钾时老叶上先出现缺钾症状，再逐渐向新叶扩展，老叶和叶缘先发黄，进而变褐，焦枯似灼烧状。大蒜缺钾时从

6～7叶开始，老叶的周边部生出白斑，叶向背侧弯曲，白斑随着老叶的枯死而消失。

4. 缺钙症　大蒜缺钙时，叶片上出现坏死斑，随着坏死斑的扩大，叶片下弯，叶尖很快死亡。出现缺钙症状时，要及时喷施含钙比较多、吸收利用率比较高的叶面肥。

缺钙部位一般发生在果实和老叶上，比如番茄的脐腐病、甘蓝的干烧心等。

5. 缺硫症　硫是蛋白质的结构元素，是作物产生的一系列挥发性物质的关键元素。植株呈现出淡绿色和黄绿色。幼叶较老叶明显。植株矮小，叶细小。

6. 缺硼症　硼参与光合同化物的运输。硼是植物生殖生长的关键元素之一。大蒜缺硼时，新生叶产生黄化，严重者叶片枯死，植株生长停滞，解剖叶鞘可见褐色小龟裂。出现此症状时可喷施含硼叶面肥。

7. 缺镁症　大蒜缺镁时，叶片褪绿，先在老叶片基部出现，逐渐向叶尖发展，叶片最终变黄死亡。

8. 缺铁症　新叶黄白化，心叶常白化，脉间失绿分明。

9. 缺锰症　幼嫩叶失绿发黄，严重时出现黑褐色细小斑点，并可能坏死穿孔。

10. 缺铜症　叶尖发白卷曲，分蘖多，侧芽多，根系停止生长。

11. 缺锌症　植株矮小，节间短簇，小叶病，新叶中脉附近首先出现脉间失绿。

农户可根据大蒜的具体表现，做出诊断，并补施相应的肥料，提高大蒜的产量及品质。

(二)大蒜过量施肥的危害

盲目增加大蒜田间化肥投入量，如果在基肥中氮肥施用量过高，超过大蒜幼苗根系的耐受力，易产生肥害，造成大蒜根系变黄、萎缩不长，即所谓“烧根”现象。

过量施用氮肥易导致大蒜发育缓慢，株高、叶面积、产量显著降低，叶片数减少。在过量施氮时，配合施用铝、锌一定条件下能提高大蒜株高、蒜苗的产量，施用锌肥或铝肥有利于大蒜素形成。施氮量过高，大蒜中可溶性糖含量明显下降，蛋白质含量随氮肥用量的增加基本呈上升趋势。大蒜各个时期、各个部位硝酸盐含量都随着施氮量增加而明显增加，在高氮水平下增施铝、锌肥能够降低硝酸盐含量，硝酸还原酶活性也随着氮肥施用量增加而增加，但氮量过高时其活性反而受到抑制，高氮水平下增施铝肥能够提高硝酸还原酶活性。

在一定施磷水平下，磷可促进氮、钾营养的吸收，但施磷量增加过多时，氮、钾的含量均有所下降。大蒜体内钙、镁含量随施磷水平提高呈下降趋势。大蒜是需氮、钾营养较多的蔬菜，但磷素营养也不可忽视。只有依土壤营养状况，平衡供给大蒜各种营养，方能获得高产和优质的产品。

五、大蒜的施肥技术

根据大蒜需肥特点，在大蒜施肥上，应坚持以“有机肥为主，化肥为辅；基肥为主，追肥为辅”的施肥原则，以最大限度地满足大蒜在生长发育过程中对营养元素的需要。

（一）基　肥

由于大蒜根系浅，根毛少，吸肥能力差，因此对基肥的质量要求较高，一般以腐熟的有机肥为好（未腐熟的粪肥易发酵滋生蒜蛆，甚至烧死种蒜）。通常在基肥中配施一些钙、镁肥。

每 667 米^2 施土杂肥 5 000 千克、三元复合肥 75 千克。土杂肥、化肥等要撒施，耕翻入土层内。

(二)追　肥

大蒜属耐肥作物，在施足基肥的基础上，一般进行 4 次追肥，分别为：越冬前追肥、返青期追肥、蒜薹伸长期追肥和鳞茎膨大期追肥。

越冬前追肥：越冬前追肥主要是促使大蒜正常发芽出苗，培育壮苗。秋播大蒜 7～9 天齐苗，出苗后 1 个月左右追 1 次催苗肥，每 667 米^2 追施尿素 15 千克或碳酸氢铵 30 千克。但追肥量不要过大，防止徒长越冬死苗，如果土壤肥沃、基肥充足，可以不追施肥料。土壤封冻前，在灌越冬水后，可用堆肥、土杂肥或马粪等盖施，每 667 米^2 2 000 千克左右，以加厚根系的越冬保护层，提高幼苗越冬性能，确保安全越冬。同时，还有利于翌年早返青，快生长。

返青期追肥：秋播大蒜于翌年春暖返青后，结合浇水施返青肥，每 667 米^2 施三元复合肥 30 千克。

蒜薹伸长期追肥：当蒜薹“露尾”(总苞尖端伸出叶鞘)时，施“催薹肥”，结合浇水每 667 米^2 施尿素 20～25 千克。此时进入生长旺盛期，是氮肥最大效率期，所以催薹肥是一次关键性的追肥。

鳞茎膨大期追肥：在蒜薹采收后的 10 天内，蒜头进入膨大盛期，是蒜头一生中生长最快的阶段，为保根防早衰，延长叶片功能时间，促进干物质的积累和转移，在蒜头生长期应适当重施肥，每 667 米^2 施速效化肥尿素 10～15 千克或碳酸氢铵 20～40 千克、钾肥 5 千克。同时，可叶面喷施 0.2%磷酸二氢钾溶液。

(三)叶面施肥

叶面施肥可使营养物质从叶部进入植株体内，直接参与植物的新陈代谢过程和有机物的合成过程，减少土壤对养分的固定和淋失，见效快，是一项经济合理的施肥技术。一般应在蒜薹分化期、鳞茎生长期、蒜薹采收后2～3天各喷1次微量元素叶面肥。喷施时，叶片正反面都要喷施，最好在下午4时后喷施。喷施时天气要晴朗，如喷施后在24小时内遇雨水，要重新喷施。

第五章　韭菜科学施肥技术

韭菜为百合科（Liliaceae）或葱科（Alliaceae）多年生草本宿根性植物，我国栽培的主要是普通韭，别名：起阳草、懒人菜、草钟乳、长生菜等，主要以叶片、假茎供食，为我国之特有蔬菜，除某些亚洲国家有少量栽培外，世界各地少有分布，近代为满足华人社区的需要，美洲、澳洲及西欧等地也开始引种栽培。

韭菜在我国有悠久的栽培历史，南北各地、城乡、山村几乎都有种植，是很受消费者喜爱的大宗蔬菜之一。由于韭菜耐寒、喜湿、又较耐旱、对栽培环境有较强的适应性，而且产品多样，除可进行露地栽培外，冬季还可进行各种保护地栽培采收青韭，夏季可采收韭薹、韭花，还可利用根部储藏的养分进行囤植栽培生产韭黄，因此较容易做到四季生产、周年供应，并成为冬、春和夏、秋淡季上市的重要蔬菜之一。韭菜除叶片、假茎可供食用外，其花薹、小花以及肥大的须根还可供食用，一般宜炒食、凉拌生食或做馅，也宜腌渍加工制成罐藏韭菜花等。

韭菜营养丰富，每100克青韭含碳水化合物3.1克、蛋白质2.0克、脂肪0.5克、钙53毫克、磷39毫克、铁1.8毫克、胡萝卜素2.69毫克、硫胺素0.08毫克、核黄素0.35毫克、烟酸0.8毫克、抗坏血酸20毫克等（《食物成分表》，1983），还含有硫化丙烯[$(CH_2CHCH_2)_2S$]等化学物质，具特殊的芳香和辛辣味，有祛腥调味、促进食欲、开胃消食等功效。韭菜还有一定的药用价值，据《别录》（陶弘景，6世纪前期）记载："韭叶味辛，微酸温无毒，归心，安五脏，除胃中热，病人可久食。种子主治遗精溺白。而根则能养发。"；《本草集注》记述："生则辛而行血，熟则甘而补中，益肝，散滞，导瘀"；《本草纲目》（李时珍，

1578)则载:“韭籽补肝及命门,治小便频数,遗尿……”;此外,民间还将捣碎的韭叶,涂于患处,用来治疗漆疮,具有立收痊愈之功效。

我国幅员广大,地形多变,气候类型复杂多样,有各种气候带、有平原和山地高原气候、有海洋和大陆性气候,因此我国的韭菜与其他蔬菜一样,在长期的自然和人工选择作用下,形成了极其丰富多样的种质资源。据统计,被列入《中国蔬菜品种资源目录》(第一册 1992,第二册 1998)的各种不同类型韭菜种质资源共有 270 份,其中有 107 份作为主要或重要种质资源被列入《中国蔬菜品种志》(2001)。

一、生物学特性

(一)植物学特征

韭菜(*A. tuberosum Rottler* ex Prengel.)地下部分长有根和根状茎;地上部呈丛状,长有叶、花薹等,还有数目不等的分蘖株。

1. 根 韭菜为须根系、弦状根。根群主要分布于 20～30 厘米的土层内,有吸收根、储藏根和半储藏根 3 种,春季发生吸收根和半储藏根,并可再发生 3～4 级侧根,秋季发生储藏根,较粗短,一般粗在 2 毫米以下,无侧根。但储藏根在不同种类和品种间存在着很大的差异,其中根用韭菜的根粗显著粗于其他种类,有些根用韭品种其最大根粗甚至可达 5 毫米以上。弦状根多着生于短缩茎的基部或边缘,随着短缩茎向上生长,分蘖和根状茎逐渐形成,根状茎下部的老根陆续死亡(根的平均生理寿命只有 1.5 年),上部新根不断发生,于是根系在土壤中的位置逐渐向上移动,这种根系逐年上移的习性,即为生产上所称的韭菜“跳根”。

2. 茎 韭菜的茎分地上茎和地下茎。地上茎为假茎和花茎,假茎由柔嫩的叶鞘层层抱合而成;花茎即花薹(薹干部分),绿色至深绿

色，一般高 30 厘米左右，粗约 4 毫米，但薹的高和粗在不同种类和品种间存在很大差异，普通韭菜中的薹用品种有的薹高可达 50 厘米左右，粗甚至可达 7 毫米以上。地下茎为营养茎，1～2 年生韭菜的营养茎短缩呈扁圆锥状，称茎盘，茎盘顶端为顶芽，周围着生叶鞘，叶鞘基部稍稍肥大，也称鳞茎。短缩茎逐年不断向上增生、并陆续发生分蘖，二三年以后随着分蘖株短缩茎的延伸，便逐渐形成了根状茎（图 1）。分蘖时茎盘顶芽靠近芽端的上位叶腋先发生蘖芽，开始时蘖芽被包裹在原植株的叶鞘内，此后随着生长的进展、撑破叶鞘、并形成新的分蘖株（图 2），分蘖株簇生呈丛状。春播韭菜播种当年、植株长有 5～6 片叶时，即可发生分蘖，2 年生以上的植株每年分蘖 2～3 次，分蘖的时间主要在气候凉爽的春季和秋季，每次分蘖为 1～3 个（以 2 个为多）。分蘖力是鉴别韭菜品种优良与否的重要指标之一，不同种类、品种的韭菜其每年的分蘖次数和分蘖数有着很大的差异。例如，普通韭菜中

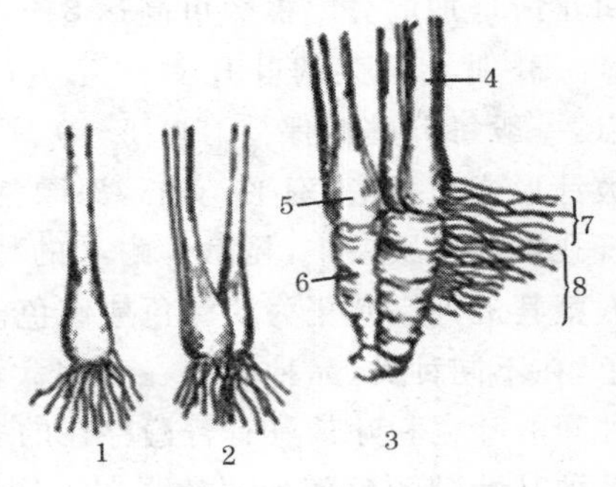

图 1　韭菜的生长状态

（引自《蔬菜栽培学各论・南方本》，第二版，1980）

1. 1 年生苗，不分蘖　2. 1 年生苗，分蘖　3. 多年生植株　4. 叶　5. 鳞茎　6. 根状茎　7. 新根　8. 老根

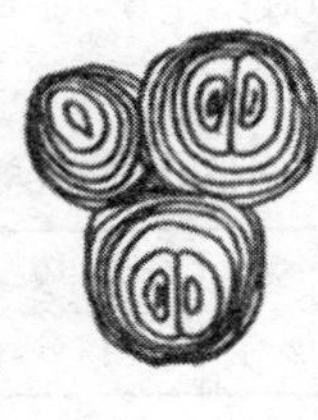

图 2　韭菜分蘖的横切面

（引自《蔬菜栽培学各论・南方本》，第二版，1980）

左：1 年生　右：3 年生

1. 花薹　2. 无薹分蘖

分蘖力弱的品种每年仅能增加 2～4 个分蘖株，而分蘖力强的品种每年所增加的分蘖株数可高达 8、9 个，甚至更多。

3. 叶 韭菜的叶片对称互生，具有不断分化、生长、衰老的特点，一般每分蘖株保持有叶 5～9 片。叶由叶身和叶鞘组成，叶身长披针形或长条形，扁平，实心，深绿色、绿色至黄绿色，表面被有蜡粉、气孔陷入角质层中，显示了耐旱的特征；叶鞘呈圆筒状，所抱合成的假茎其最外层叶鞘为淡绿色或红色。叶身的长、宽和叶鞘的长短、颜色，在不同种类、品种间存在着很大的差异。例如，普通韭菜中各品种间的叶宽和叶长具有普遍存在的多样性(见表 7、表 8)；又如，有的品种其叶鞘颜色随光照的强弱不同而变化，其中有一些对光敏感品种已成为生产“五色韭”的适宜品种。由于韭菜叶片的分生组织在叶鞘基部，叶片被收割后可继续生长，故可多次收获、连续生长。

表 7 普通韭品种叶宽的分布 (王德槟，2004)(单位：厘米)

叶　宽	0.3～0.4	0.5～0.6	0.7～0.8	0.9～1.0	1.1～1.2	1.3～1.4	1.5～1.6	1.7～1.8
普通韭	8	14	23	27	11	5	3	1

注：表中数据为列入《中国蔬菜品种志》(2001)的 92 个普通韭品种(包括 63 个宽叶类型和 29 个窄叶类型)的统计数。

表 8 普通韭品种叶长的分布 (王德槟，2004)(单位：厘米)

叶　长	20 以下	21～25	26～30	31～35	36～40	41～45	46 以上
普通韭	8	14	25	22	15	6	2

注：表中数据为列入《中国蔬菜品种志》(2001)的 92 个普通韭品种(包括 63 个宽叶类型和 29 个窄叶类型)的统计数。

韭菜叶片含有叶绿素和叶黄素，若在黑暗条件下进行软化栽培(囤栽)，由于叶绿素发育受到抑制而使叶片显现黄色，故可形成组织柔嫩、纤维少、品质更佳的黄化产品——韭黄。另外，存在于叶身部分栅栏组织与海绵组织之间的乳汁管，因其细胞中含有挥发性含硫

化合物而使韭菜具有特殊的辛辣味。韭菜在越冬前叶片逐渐干枯，叶片所含养分陆续转运到鳞茎盘和根状茎中储藏，以备翌年早春植株重新萌动和生长之需，同时也可为软化栽培（囤栽）产品——韭黄的形成提供营养来源。

4. 花　韭菜一般在第二年即进入生殖生长阶段，顶芽发育成花芽，此后每年都可抽薹开花。花茎一般高 26～75 厘米，呈三棱形，绿色。花茎顶端着生伞形花序，呈球形或半球形，开花前花序由苞片包裹，抽薹后约 15 天苞片开裂，花序散露。每花序一般有小花 30～60 朵，不同种类和品种间存在着显著的差异，有的品种可多达 100 多朵；花两性，有花被 6 片、灰白色，雌蕊 1 枚，雄蕊 6 枚、分列为两轮、基部合生并与花被片贴生、花丝等长、花药矩形、向内开裂，子房上位、异花授粉，虫媒花。

5. 果和种子　韭菜为蒴果，倒卵形，黑色，子房 3 室，每室含种子 2 粒，成熟时种子易脱落。种子黑色、盾形，背面突出、腹面稍凹陷，表面皱纹较洋葱、大葱等其他葱蒜类种子细密，蜡质层较厚，千粒重 4 克左右。种子在一般贮存条件下寿命为 1～2 年，使用寿命 1 年，但在低温干燥贮存条件下，则可保持较长寿命。上述果实和种子的主要性状，不同种类和品种间除千粒重少有差异外，其他性状均无显著不同。

（二）生长发育周期

韭菜是多年生植物，播种 1 次可以连续收获多年。韭菜之所以能够多年生长，一是因为植株具有较强的更新复壮能力，地上部不断形成新的分蘖，地下部不断发生新根，因而使植株的营养器官处于幼龄、新生阶段，保持旺盛的生活力，抽薹开花结籽后植株并不枯死，继续分蘖和生长。二是因为韭菜的根茎和“小鳞茎”储藏养分，并有极强的耐寒性，能够安全越冬，翌年春重新生长。韭菜从幼苗期后到

4、5年内为健壮生长时期，5、6年后就进入衰老期，生理功能衰弱、产量下降，但如果加强栽培管理、合理采收，其寿命可延续达10余年。

韭菜的生育周期可划分为营养生长和生殖生长2个阶段。1年生韭菜一般只进行营养生长；2年生以上的韭菜，营养生长和生殖生长交替重叠进行。

1. 营养生长期 韭菜从播种到花芽分化为营养生长期，可划分为发芽期、幼苗期和营养生长盛期3个阶段。

(1)*发芽期* 从播种到出现第一片真叶为发芽期。历时10～20天。韭菜发芽缓慢，且子叶弯曲出土，因此需要保持土壤湿润，促进顺利出苗。

(2)*幼苗期* 从第一片真叶出土到第五、第六片叶出现为幼苗期，历时40～60天。此时以根系生长占优势，地上部生长缓慢，植株瘦小，在田间生长过程中与草竞争处于劣势。此期主要是防除杂草滋生，适当浇水追肥，促进幼苗生长。

(3)*营养生长盛期* 从5、6片叶之后到花芽开始分化为韭菜营养生长盛期。幼苗定植后，经过短暂缓苗，植株相继发生新根，长出新叶，生长加速，进入旺盛生长期。随着叶数、根量的增加，逐渐分蘖，应加强肥水管理，促进植株生长，以积累养分，为越冬和来年生长打好基础。

入冬后，当最低气温降到－6℃～－7℃时，叶片枯萎，养分转运到地下部并储于根茎和小鳞茎之中，这个过程称为“回根”，植株进入休眠期。翌年春气温回升，韭菜返青，根量和叶数逐渐增多。

2. 生殖生长期 韭菜属绿体春化型，只有当植株达到一定大小、积累一定量的营养物质后，才能感受低温完成春化，分化花芽。然后在长日照条件下抽薹、开花。因此，北方地区4月份播种的韭菜，当年一般不抽薹开花，翌年7月份抽薹，8月份开花，9月份结籽。第二年之后，只要满足低温和长日照条件，每年均能抽薹开花。

应当指出，韭菜的抽薹、开花除需满足低温和长日照条件外，还与植株的营养状况有关。只有那些生长健壮、积累营养物质较多的才能抽薹、开花，营养不良的植株难以抽薹。在生产上，往往由于收割过于频繁，植株营养积累少，因而抽薹减少。

韭菜抽薹开花结籽时要消耗大量的营养物质，不仅会影响当年植株的生长和养分积累，还会影响翌年以嫩叶为产品的产量。除采种田处，应在抽薹后及时采摘花薹，可以减少养分的消耗，有利于养根和翌年春韭的生长。

(三)对环境条件的要求

1. 温度　韭菜在冷凉气候条件下生长良好，适应温度范围宽，耐低温，不耐高温。地上部能耐－4℃～－5℃的低温，叶片在－6℃～－7℃时才枯萎；地下根茎在气温降至－40℃时也不致遭受冻害。所以，在我国北方各地韭菜能以根茎能露地越冬，南方温暖地区的露地韭菜也能安全绿叶越冬。

韭菜在5℃～25℃条件下的净光合速率值基本相同，光合作用适温的高限为23℃，超过23℃时净光合速率急剧下降，30℃时下降50%。在12℃～24℃，最适于韭菜叶部的细胞分裂和膨大，超过24℃，生长迟缓，粗纤维增多，品质变劣。从净光合速率、叶部生长速度和品质等方面综合而言，韭菜叶片生长适温为12℃～23℃。当春季温度上升至2℃～3℃，韭菜便开始返青，萌发新叶。

韭菜种子在3℃～4℃时即可萌发，发芽适温为15℃～18℃，温度偏低，发芽缓慢。幼苗生长适温为12℃以上，抽薹开花要求较高温度，种子成熟时，则又要求较低的温度。

在生长适温范围内，韭菜生长速度与温度呈正相关，温度越高，生长速度越快。例如，露地韭菜从返青到第一次收获约需40天，从第一次收割到第二次收割只需25天。

韭菜对温度的反应，品种间存在一定的差异，如汉中冬韭较一般品种表现较强的耐寒性，因而春季返青较早，冬季叶部枯萎较晚。

2. 光照 韭菜在中等光照强度条件下生长良好，具有较强的耐阴性。韭菜的光补偿点为 122 勒[克斯]，光饱和点为 40 000 勒[克斯]，光半饱和点为 9 000 勒[克斯]，光强度从 122 勒[克斯]增至 9 000 勒[克斯]，净光合速率迅速增加，从 9 000 勒[克斯]增至 40 000 勒[克斯]，净光合速率增加缓慢。叶片生长要求光照强度适中，光照过强则叶肉组织粗硬、纤维增多、品质降低；光照过弱则叶片发黄、叶小、分蘖少，产量低，但纤维少，食用品质提高。

韭菜属长日照植物，植株通过低温春化后，在长日照下通过光照阶段后才能抽薹开花结籽。

3. 水分 韭菜以嫩叶为产品，水分供应状况直接影响产品的质量和产量。韭菜根系吸收力弱，要求土壤经常保持湿润，才能满足植株生长发育的需要，获得柔嫩优质的产品。如果土壤缺水，往往叶肉组织粗硬，纤维增多，品质显著降低。但韭菜又耐涝，土壤湿度过高，根系缺氧腐烂、叶片发黄，影响当年和翌年生长。一般适宜的土壤湿度为田间最大持水量的 80%～90%。

韭菜叶片狭长，面积小，表面覆有蜡粉，角质层较厚，气孔深陷，水分蒸发较少，具耐旱生态特点，适于较低的空气湿度，空气相对湿度 60%～70%为好。但空气湿度高低对韭菜的光合作用有明显影响。空气相对湿度较高有利于光合作用进行；反之，不利于光合作用进行。要保持韭菜净光合速率在一日间处于较高水平，必须采取适当措施调节空气相对湿度。

4. 土壤营养 韭菜对土壤的适应性较强，在沙土、壤土、黏土上都可栽培。根据韭菜根系的特点，为获得高产，宜选择表土深厚、富含有机质、保水力强的肥沃土壤栽培。

韭菜对轻度盐碱有一定的适应能力，土壤 pH 值以 5.5～6.5

为宜。

韭菜耐肥力强，对肥料的要求以氮肥为主。

5. 二氧化碳　韭菜光合作用的二氧化碳补偿点为42毫克/升，饱和点为400毫克/升，半饱和点为180毫克/升。

二、韭菜需肥、吸肥特点

(一)韭菜的吸肥能力

韭菜为弦线状须根，侧根少而细，多无二级侧根，根毛也很少，根群主要分布在20厘米表土层中，吸肥水能力弱。在土壤肥沃、养分充足、保肥保水功能强的土壤中生长发育良好。在漏水漏肥的沙质土壤上应多施有机肥，提高土壤肥力，仍可成为栽培韭菜的适宜土壤，特别适于培育囤用韭根。

韭菜是喜肥作物，耐肥力强，其需肥量因年龄不同而不同。当年播种的韭菜，特别是发芽期和幼苗期，需肥量少。2～4年生韭菜，生长量大，需肥较多。幼苗期虽然需肥量小，根系吸收肥料的能力较弱，但如果不施入大量充分腐熟的有机肥，很难满足其生长发育的需要。所以随着植株的生长，要及时观察叶片色泽和长势，结合浇水，进行追肥。韭菜进入收割期以后，因收割次数较多，必须及时进行追肥，补充肥料，满足韭菜正常生长的需要。在养根期间，为了增加地下部养分的积累，也需要增施肥料。

韭菜对肥料的要求，以氮肥为主，配合适量的磷、钾肥料。只要氮素肥料充足，叶片才能肥厚、鲜嫩。增施磷、钾肥料，可以促进细胞分裂和膨大，加速糖分的合成和运转，但施钾过多，会使纤维变粗，降低品质。施入足量的磷肥，可促进植株的生长和植株对氮的吸收，提高产品品质。增施有机肥，可以改良土壤，提高土壤的通透性，促进根系生长，改善品质。据试验，每生产1000千克商品韭菜需要3.69千克N、0.85千克P_2O_5、3.13千克K_2O。这个数量可作为施肥量的参考。在生产上，施肥量往往要超过实际需要量。试验表明，施肥量对产量的影响是显著的。如每667米^{2}施用5000千克有机肥，比施用2500千克的可增产30.1%。由于韭菜有耐肥力强的特点，在施肥过量的情况下，基本看不到韭菜有遭受肥害的现象。但在韭菜生产上也不可盲目施肥，以免浪费肥料，增加生产成本。特别是氮肥施用量过大，还容易导致抗性下降，引起病害发生，还会造成倒伏。

(二)不同生育期的吸肥特点

韭菜的耐肥力很强，要获得优质高产的韭菜产品，必须保证肥料供应，特别要注意增施充分腐熟的有机肥。韭菜不同生育期的需肥量不同。

发芽期胚根和子叶的生长由种子的胚乳供给营养。此时幼根发育尚不完全，一般还不能吸收利用土壤中的营养。

幼苗期，由于生长量小，耗肥量少，根系吸收肥料的能力弱，所以吸肥量也少。但是施足有机肥，创造一个良好的土壤条件，有利于根系的发育和吸收能力的提高。除施足基肥外，还应分期追施速效性肥料。

旺盛生长期以后，生长速度加快，分蘖力强，产量也高，需肥量增加。尤其在春、秋收割季节，更是需肥的高峰期。5年生以上的韭菜，营养生长的高峰期已过，逐渐进入衰老期，为了防止早衰、维持高产年限，仍需增施肥料。

花芽分化以后，经过一段分化发育即可抽薹开花，并且以后每年分化和抽薹1次，而新的强壮蘖芽在秋季又可抽生并迅速生长，供秋季采收。除采种和采食花薹外，如果保留花薹生长，必然要耗去大量的土壤养分，并延迟秋蘖的发生，减少秋季产量。对于兼食花薹的，

应在抽薹后,及时采收花薹。一般采收花薹的季节也是炎热季节,韭菜生长量和吸收量下降。进入秋凉以后,秋季分蘖生长量加大,又出现1次吸肥高峰期。

三、不同种类肥料对韭菜生长发育、产量、品质的影响

(一)氮　肥

氮是韭菜体内许多重要有机化合物的组成成分,氮肥充足,叶片肥厚、鲜嫩。水培法试验表明,在氮素浓度为8～12毫摩/升时,韭菜产量、维生素C、可溶性糖、蛋白质含量均处于较高水平,而硝酸盐含量和纤维素含量处于较低水平。在氮素浓度为8～16毫摩/升及NO_3^-∶NH_4^+为3∶1～1∶3的处理范围内,可提高韭菜的根系活力,增加叶片的叶绿素含量,促进韭菜对N、P、K等矿质元素的吸收。

(二)磷　肥

磷是核酸等韭菜体内重要化合物的组分,参与体内的代谢过程,提高韭菜抗逆性和适应外界环境条件的能力。增施磷、钾肥料,可以促进细胞分裂和膨大,加速糖分的合成和运转。

(三)钾　肥

钾素促进叶绿素的合成、参与光合作用产物的运输、调节渗透作用和气孔运动、增强抗逆性、改善品质。在6～9毫摩/升钾素范围内,韭菜产量、维生素C、可溶性糖、可溶性蛋白质含量均处于较高水平。随着营养液中钾素水平的提高,韭菜叶片中的叶绿素a含量、叶

绿素总量、可溶性蛋白质含量均明显提高，叶绿素 b 和硝酸盐含量降低。

(四)硫　肥

硫是植物体内 3 种含硫氨基酸的组成元素，硫还是韭菜特有挥发性气味的构成成分，施用含硫肥料对改善其品质具有重要作用。

(五)有 机 肥

增施有机肥，可以改良土壤，提高土壤的通透性，促进根系生长，改善品质。

四、韭菜营养元素失调症状及防治

(一)韭菜缺素症状及防治

1. 缺铁症　发病时叶片失绿，呈鲜黄色或淡白色，失绿部分的叶片上无霉状物，叶片外形无变化。

2. 缺硼症　发病时整株失绿，发病重时叶片上出现明显的黄白两色相间的长条斑，直至叶片扭曲、组织坏死。

3. 缺铜症　发病前期生长正常。当韭菜长到最大高度时，顶端叶片 1 厘米以下部位出现 2 厘米长失绿片段，酷似干尖。

4. 缺钙症　缺钙时中心叶黄化，部分叶尖枯死。

5. 缺镁症　缺镁时，外叶黄化枯死。

农户可根据韭菜的具体表现，做出诊断，并补施相应的肥料，提高韭菜的产量及品质。

(二)韭菜过量施肥的危害

硼过量时，叶尖开始枯死。锰过量时，嫩叶轻微黄化，外部叶片黄化枯死。大量施入未腐熟的畜禽粪和有机物时，因腐解产生高温缺氧或病虫危害等，引起烂根、死株。

五、韭菜的施肥技术

韭菜施肥要以有机肥为主，辅以其他肥料；以多元复合肥为主，单元素肥料为辅；以施基肥为主，追肥为辅。按照韭菜的需肥规律、土壤供肥情况和肥效，实行均衡施肥，最大限度地保持土壤养分均衡和土壤肥力的提高。韭菜可露地栽培，春、秋两季采收供应；也适于多种保护地方式栽培，严冬及早春采收供应。除生产青韭外，还可遮光软化栽培，生产韭黄。露地青韭和保护地青韭为主要栽培形式，这两种栽培形式的施肥技术如下。

(一)露地韭菜施肥技术

1. 韭菜育苗的施肥技术 韭菜育苗要选肥沃土壤，不要用重茬地，不接葱蒜茬。韭菜育苗地选定后，应清洁田园，冬耕施肥，使土地休闲，充分达到土肥均匀，土壤细碎。基肥以充分腐熟的有机肥为主，一般每667米^{2}施4 000～5 000千克、三元复合肥20千克，并浅耕，使肥土混合均匀，整平地面，做畦。韭菜2叶期前只浇水，不施肥。幼苗长出2～3片真叶时，可追1次提苗肥，每667米^{2}追施尿素7～10千克、充分腐熟的有机肥1 500～2 000千克，施肥后要及时浇水。幼苗4～5片叶时，追第二次肥，每667米^{2}追施三元复合肥10千克、氮钾水溶肥料(20－30)5～10千克，促使韭苗快速增长，提早分蘖。

2. 韭菜移栽定植后的施肥技术 当韭菜苗高长至18～20厘米时定植。韭菜定植在大田以前，要施足基肥，每667米^{2}施入腐熟农家肥5 000～7 500千克、三元复合肥40千克。采用撒施，耕翻入土，整平地后按栽培方式做畦或开定植沟。

定植后15天左右，待幼苗返青后，可结合浇水，进行第一次追肥，每667米^{2}追施腐熟农家肥800～1 000千克、氮、钾水溶肥料(20－30)10～15千克。

移栽定植后的当年，以养根壮秧为主，直播（或定植）当年不宜收割青韭。如有个别植株抽薹，应及早掐掉，以免影响翌年产量。定植后的韭菜经过炎热夏季后，进入凉爽秋季。此时是韭菜最适宜的生长阶段，是肥水管理的关键时期，及时施肥，促进叶部生长为韭菜根茎膨大和根系生长奠定物质基础。韭菜的越冬能力和来年的长势主要取决于冬前植株积累营养的多少，而营养物质的积累又决定于秋季生长状况，所以应抓好此阶段的肥水管理。立秋后，结合浇水，进行第二次追肥，每667米^{2}追施氮、钾水溶肥料(20－30)10～15千克。从10月上旬开始，温度逐渐下降，叶片制造的营养物质不断转化储藏到小鳞茎和根茎里，此期最怕缺水、缺肥，应抓紧时间进行追肥，每667米^{2}追施腐熟农家肥800～1 000千克、三元复合肥40千克，要及时浇水，养根壮苗。立冬以后，韭菜生长缓慢，停止追肥浇水，以免贪青受冻，影响回秧。韭菜枯萎回根以后，于封冻前浇1次封冻水。

韭菜移栽定植第二年春季，韭菜返青前，去除畦面上的枯叶杂草，搂平畦面，浇1次返青水，每667米^{2}追施三元复合肥40千克。返青后，随着气温的回升，韭菜生长加快，进入春季收割期。一般春割2～3次。每次收割后都应追肥，每次每667米^{2}追施氮、钾水溶肥料(20－30)10～15千克。追施时间应在每次收割后2～4天，待伤口愈合后新叶长出时施入，以免引起病菌从伤口入侵导致病害流

行。在春季收完最后 1 茬时，每 667 米^2 追施腐熟农家肥 2 500 千克、氮钾水溶肥料(20—30)10～15 千克，以供夏季生殖生长期利用。

进入夏季后，由于韭菜不耐高温，高温多雨使光合作用降低，呼吸强度增强，生长势减弱，呈现"歇伏"现象，此期韭菜管理以"养苗"为主。养苗期间要适当追肥，以增强韭菜抗性，使之安全越夏。追肥量以每 667 米^2 追施氮、钾水溶肥料(20—30)10～15 千克为宜，施肥可在雨季进行，不必再浇水了。

8 月中旬以后，天气逐渐凉爽，韭菜进入第二个生长和吸收高峰期。贴地面割掉植株后，加强水肥管理，每 667 米^2 追施施腐熟农家肥 2 500 千克，三元复合肥 40 千克，氮、钾水溶肥料(20—30)10～15 千克。可视韭菜田生长状况收割 1～2 次，每割 1 次，可追肥 1～2 次。霜降以后，随着气温下降，再追施当年最后 1 次肥，每 667 米^2 追施腐熟农家肥 800～1 000 千克。

露地韭菜一般可连续采收 3～4 年。5～6 年后应刨除老根，另选地块栽培。

(二)保护地韭菜施肥技术

韭菜保护地栽培有多种栽培形式，但多采用中小拱棚、塑料大棚、日光温室和阳畦等类形式，可进行春提早和冬季栽培，对调节冬春淡季蔬菜供应，增加花色品种有重要作用。韭菜保护地栽培春、夏两季均可播种，播种前要耕翻土地，施足基肥，每 667 米^2 追施腐熟农家肥 5 000 千克、三元复合肥 40 千克，视地块墒情浅水润地，整地做畦。韭菜保护地栽培，在前期与露地栽培相同，冬季地上部分枯死，养分全部转移到根茎中时，才转入保护地生产。

用小拱棚生产韭菜是目前各地比较普遍采用的保护地栽培形式。土壤封冻前浇 1 次水，在浇水时要施足肥，浇水量要大，扣棚后不浇水，以免降低地温，或湿度过大引起病害。一般在第一刀韭菜生长期间不追肥也不浇水。第一次收割后应追施 1 次肥料，每 667 米^{2}追施氮、钾水溶肥料(20－30)10～15 千克，追肥要选晴天，防止撒到叶片上，追完肥应立即浇水。小拱棚韭菜每次收割后都应进行追肥，以补充所消耗的养分。施肥量可参照露地栽培的施用量。待收割 2～3 茬后，外界气温已升高，当韭菜长到 10 厘米时，逐渐加大通风量，撤掉棚膜，进行露地生产，其施肥同于露地栽培。

(三)施草木灰

菜农可以在韭菜生长期内适当增施草木灰。草木灰是良好的水溶性速效钾肥，有利于韭菜发根、分蘖，有明显的增产效果。棚室韭菜主发病害是灰霉菌，撒施草木灰可降低灰霉病的发病率。草木灰吸水量大，能迅速降低土壤含水量，降低棚内空气湿度，控制病菌传播；同时，对韭菜根蛆有防治作用。

第六章　洋葱科学施肥技术

洋葱，也叫圆葱、球葱、葱头，为百合科葱属植物。原产于中亚和地中海沿岸，已有 5 000 多年栽培历史，约在 20 世纪初传入我国，在我国栽培仅有 100 余年的历史。由于洋葱适应性强，又耐储藏和运输，在我国种植历史虽然不长，但发展速度很快，栽培区域广泛分布于西北、华北、东北和长江黄淮流域及华南各地。

洋葱的营养极为丰富，不仅含有较多的蛋白质、维生素，尤其是含有硫、磷、铁等多种矿物质，有特殊的辛辣味，既是食用价值很高的炒食蔬菜，又是良好的调味蔬菜；可以鲜食，也可脱水干制。近年又有脱水葱片、洋葱汁、洋葱泥等制品，各种食法皆宜；而且洋葱还含有大量的黄酮素，具有降血压、降血脂和舒张血管保护心脏的作用。近年来的研究还证明，洋葱具有排毒养颜、提高免疫力、抗癌、防癌功效。洋葱不但可以调剂国内蔬菜市场供应，而且是出口创汇的重要蔬菜。

一、洋葱生物学特性

(一)植物学特性

洋葱(*Allium cepa L.*)在植物学分类上属于单子叶百合科葱属 2 年生草本植物。

1. 根　洋葱的根呈线状须根，无根毛，吸收能力和耐旱能力较弱，根系入土深度和横展范围仅 30～40 厘米，为浅根性，主要根群集中在 20 厘米以上表土层中，根系所需要的生长温度远较地上部低，

10 厘米地温旬平均达到 5℃时，线状根即开始正常生长，达到10℃～15℃时则生长最快，到生长中后期 10 厘米地温旬平均超过24℃～25℃时生长减缓。

2. 茎 洋葱的茎位于鳞茎基部短缩而呈扁圆球形的一段，称为鳞茎盘，茎盘上环生叶鞘和幼芽，下部生根。植株通过一定的发育条件以后，茎盘的上端分化成花芽，抽薹开花。

3. 叶和鳞茎 叶由叶身和叶鞘组成。叶身暗绿色，管状中空，腹部凹陷，叶身稍弯曲。地上部叶鞘抱合形成假茎，高为 10～15 厘米。

洋葱鳞茎由肥厚的叶鞘基部和膨大的幼芽共同构成，呈圆球形或扁圆球形。生长初期，叶鞘上下粗细相似，生长后期，叶鞘基部积累营养物质逐渐肥厚而形成开放性肉质鳞片；在开放性肉质鳞片内还有 2～5 个幼芽（鳞芽），其中 1 个为顶芽，其余为侧芽，顶芽和侧芽均分化几片幼叶，但不形成伸长的叶身，这些无叶身的幼叶积累营养物质直接肥厚形成闭合性肉质鳞片；鳞茎成熟时，最外 1～3 层叶鞘基部干缩成膜质鳞片，对鳞茎起保护作用。

洋葱鳞茎的大小取决于叶鞘的数量、厚薄及幼芽的多少和肥大程度。叶鞘层数和鳞芽数目越多，鳞片越肥厚，则鳞茎越肥大。

鳞茎的形成以光合产物为基础，叶身数目越多，叶面积越大，制造的光合产物则越多，鳞茎也就越肥大。而叶片数目的多少和叶面积大小，主要取决于花芽分化早晚、幼苗生长期的长短和栽培管理水平。先期抽薹或播种过晚，势必缩短幼苗期而使叶数减少，叶面积缩小，导致鳞茎变小、产量降低。

4. 花、果实和种子 洋葱一般在鳞茎形成的当年不抽薹开花，翌年春季鳞茎栽植后，植株抽薹、开花，夏季结籽。每鳞茎的抽薹数取决于所包含的鳞芽数。但如果秋季提早播种，冬季幼苗过大，顶芽通过春化分化为花芽，翌年抽薹开花结籽。抽薹后，花薹顶端形成伞

形花序，先期包裹于总苞中，后期总苞破裂，花序开放。每花序着生200～800朵花，两性花，异花授粉。果为两裂蒴果，每果内含6粒种子。种子盾形，断面为三角形，外皮坚硬，呈黑色，千粒重3～4克，使用寿命1年。

(二)生长发育周期

洋葱为2年生蔬菜，生育周期的长短因播种期不同而异，可划分为营养生长阶段、鳞茎休眠期和生殖生长阶段。

1. 营养生长阶段　从播种萌芽到商品鳞茎成熟为营养生长期。根据生长特点不同，又可分为4个不同的生长时期。

(1)发芽期　从播种到第一片真叶出现为发芽期，15天左右。洋葱种子吸水困难，发芽缓慢，顶土能力弱，不能深播种，覆土不能过厚。发芽期需保持土壤湿润，防止表土板结。

(2)幼苗期　从播种到开始移栽定植，至定植结束，为幼苗期。种子遇适宜温、湿度萌动至第一片真叶长出，约15天，至长出6～8片真叶开始定植。秋播冬前栽植幼苗期55～60天。春播春栽幼苗期为40～55天。秋播、春栽区域幼苗期为180～230天。其中包括冬前40～50天，冬季停止生长110～120天，春季返青生长约30天。

幼苗期应控制肥水，防止徒长和幼苗过大，以免降低越冬能力和发生先期抽薹。

(3)叶片生长期　从幼苗定植至叶鞘基部开始增厚为止，春栽需40～60天，秋栽需120～150天。叶片生长期根部先于叶部迅速生长，以后叶片也迅速生长，叶数不断增多，形成6～7片功能叶，叶面积和叶片干重的增长量分别占营养生长期的67%和45%。这一时期的管理重点是促进植株较早地形成一定叶数并旺盛生长，为鳞茎膨大奠定物质基础，后期应防止生长过旺，以免延迟鳞茎的形成。

(4)鳞茎膨大期　从叶鞘基部开始肥厚至鳞茎成熟，需30～40

天。随着气温的升高和日照的加长，叶部生长受到抑制，叶中的营养物质迅速向叶鞘基部和鳞芽中运转累积，鳞茎迅速膨大。

在鳞茎膨大盛期，根和叶部由缓慢生长而趋于停滞。鳞茎成熟前叶部开始枯萎衰败，假茎松软、倒伏，鳞茎最外 1～3 层鳞片的养分内移并逐渐干缩成膜状鳞片，此时为收获适宜时期。

鳞茎膨大期是洋葱旺盛生长和产量形成的主要时期，鳞茎的干物质约有 94％是在这一时期形成。整个植株干物重的增长量约占营养生长期的 82％，管理的重点是确保肥水供应，促进鳞茎迅速膨大。

2. 休眠期 收获后鳞茎进入生理休眠期，生理休眠期的长短因品种而异，一般 60～70 天及以上。生理休眠期后，在高温和干燥条件下被迫休眠。

3. 生殖生长阶段

(1)种株营养生长期 鳞茎休眠期结束，定植后长出 4～6 片功能叶，经秋末冬初低温花芽分化，返青生长后又长出 3～4 片功能叶，这一时期为营养生长期。

(2)抽薹开花期 从花薹长出至开花结束，需 30 天左右。

(3)种子形成期 从开花结束至花序的种子发育成熟，约需 25 天。

抽薹开花和种子成熟期的栽培管理应围绕促使花薹健旺，种子饱满，防止花薹倒伏等进行。

(三)对环境条件的要求

洋葱属于长日照作物，鳞茎对温度有较强的适应性，既能耐寒，又能耐热，能在炎夏储藏。在长日照和适宜的高温条件下鳞茎能够充分膨大，加上充足的肥水和疏松的土壤条件易获得高产。

1. 温度 洋葱种子和鳞茎在 3℃～5℃下可缓慢发芽，12℃以上

发芽加速，生长适温为12℃～20℃，但健壮的幼苗抗寒性很强，能忍耐－6℃～－7℃的低温。20℃以下的较低温度有利于叶和根系生长，温度过高，根、叶生长受到抑制。

鳞茎的膨大需较高的温度，15℃以下鳞茎不膨大，15℃～20℃鳞茎膨大最快，温度过高或低于3℃鳞茎进入休眠。洋葱花芽分化需在一定低温条件下通过春化。洋葱属绿体春化型，植株必须达到一定大小具有一定的营养积累，才能通过春化阶段。不同品种通过春化时对低温的感应程度不同，感应低温的营养体大小和通过春化所需的低温持续时间有较大差异，通常在10℃以下的低温即可通过春化，但以2℃～5℃通过较快，南方栽培品种经40天左右的低温可通过春化，北方栽培的品种一般需经60～70天，甚至100天的低温才可通过春化。植株营养体越大越易感应低温。因此，秋播过早、冬前幼苗过大时，易发生先期抽薹。花芽分化后，抽薹开花则需要较高的温度。

2. 光照 洋葱在鳞茎膨大期和抽薹开花期需要14小时以上的长日照。在高温短日照条件下只长叶，不能形成葱头。延长日照时数可以加速鳞茎的形成和成熟。其中长日型品种必须有13.5～15小时的长日照条件才能形成鳞茎。我国华北、西北、东北高纬度地区适于栽植“长日”型晚熟品种；“短日”型品种鳞茎膨大则仅需11.5～13小时的日照条件即可满足其要求。我国南方低纬度地区适于栽培“短日”型早熟品种；我国黄淮、江淮等中纬度地区适于栽植“中间”类型品种。因此，在南北各地相互引种和选择适宜于当地栽培的洋葱品种时，必须考虑所引的品种是否适合当地的日照条件，避免给生产带来损失。洋葱抽薹开花也需长日照条件。

3. 水分 洋葱根系浅，吸收水分能力较弱，需要较高的土壤湿度。洋葱幼苗出土前后，根叶生长缓慢，要求经常保持土壤湿润，尤其是叶片生长盛期及鳞茎膨大期，需要充足水分供给，才能保证苗齐、苗壮和鳞茎高产量。洋葱在幼苗期和越冬前要控制水分，防止幼苗徒长，遭受冻害。收获前1～2周要控制浇水，使鳞茎组织充实，加速成熟，提高产品的品质和耐储运性。土壤干旱可以促进鳞茎提早形成，但产量显著降低。洋葱的叶身和鳞茎具有抗旱特性，所以在生长期间要求较低的空气湿度，湿度过高容易发病。开花期过大的空气湿度或降雨，影响开花结实。鳞茎储藏在干旱的环境中可长时间保持肉质鳞茎中的水分，维持幼芽的生命活动。洋葱叶身耐旱，适于60%～70%的空气相对湿度，空气湿度过高易发生病害。

4. 土壤营养 洋葱对土壤的适应性较强，但在肥沃、疏松、通气、保水力强的沙质壤土上栽培易获高产，在黏壤土上的产品鳞茎充实、色泽好，耐储藏。洋葱能忍耐轻度盐碱，要求土壤pH值6～8，但幼苗期反应较敏感，容易黄化死苗。洋葱为喜肥作物，对土壤营养要求较高。洋葱生长吸收氮、磷、钾的比例为1∶0.4∶1.9。每生产1 000千克鳞茎，需吸收N 2.0～2.4千克、P_2O_5 0.7～0.9千克、K_2O 3.7～4.1千克。由于洋葱根系浅，吸收力弱，全生育期要求土壤有充足的肥料供给。幼苗期以氮、磷肥为主，鳞茎膨大期以磷、钾肥为主，可提高产量和产品品质。

二、洋葱需肥、吸肥特点

洋葱从种子至收获鳞茎为营养生长期。洋葱通过生理休眠，在满足鳞茎对低温和长日照条件的要求后，即形成花芽，开花结籽，为生殖生长阶段。洋葱从种子播种至采收种子，要经过2～3年，整个生育过程中的需肥动态是随着生长量的增加需肥量也同步增加。生长量小时，需肥量也少；生长量大时，需肥量也大。

(一)洋葱的吸肥能力

叶片是洋葱的同化器官,鳞茎是储藏器官,因此叶子的生长直接影响葱头的品质和产量。在洋葱各个生长时期氮、磷、钾在组织内的积累量也不同,在幼苗期和植株旺盛生长期需求养分的规律依次为氮素＞磷素＞钾素;而在鳞茎膨大期养分需求量转变为钾素＞氮素＞磷素。对洋葱生产具有主要影响因素的是氮肥施用量,定植密度和钾肥施用量为次主要因素,磷肥施用量是次要因素。氮肥施用量主要对产量以及可溶性糖的含量有影响,要提高这些指标,可在一定范围内增施氮肥。钾肥施用量对维生素C含量影响较大,而且钾肥在洋葱鳞茎膨大期是不可缺少的肥料,直接影响产量、品质及养分吸收。随钾肥施用量增加,洋葱中维生素C含量也相应提高,糖分含量也随之提高,但施钾肥量过大则呈下降趋势,糖分最高含量出现在产量最高值之前,同时施入钾肥也促进氮肥的吸收和氮素代谢。而硫肥施入不但可以降低黄萎病、叶焦病的发生,而且具有促进生长、增产的作用。

(二)不同生育期的吸肥特点

1. 发芽出土期　洋葱从种子萌动露出胚根至出现第一片真叶时,为发芽出土期。此期由于幼芽和胚根的生长主要依靠胚乳所储藏的营养,所以很少利用土壤中的营养。因此,在栽培上要足墒播种,施足基肥,为种子发芽创造疏松、湿润的土壤条件,促进种子早发芽、幼苗快生长。

2. 幼苗期　从第一片真叶出现至发生3～4片真叶、苗高20厘米左右、假茎粗0.6～0.9厘米时为幼苗期。此期,幼苗生长缓慢,特别是出苗后1个月内,幼苗生长量小,水分、养分消耗量少。因此,在栽培上一般要适当控制水分和施肥,以培育壮苗。幼苗生长后期,生长量逐渐增大，需肥量也相应增加。

3. 叶片生长期 幼苗定植后，经过缓苗，陆续生根长叶，到植株保持8～9片功能叶、叶鞘基部缓慢增厚、鳞茎开始膨大时，为叶片生长期。此期虽然幼苗陆续长根发叶，但幼苗生长缓慢，生长量较少，需肥量也较少。幼苗返青后，生长量加大，需肥量也增加，特别是根系优先生长，随着根系生长量和生长速度的加快，需肥量和吸肥强度迅速增大，继发根盛期之后，进入发棵期，需肥量急剧增加，吸肥强度也达到高峰。

4. 鳞茎膨大期 从鳞茎开始膨大，至最外面的1～3层鳞片的养分向叶鞘基部和幼芽转移储藏，而自行变薄、干缩成膜状，为鳞茎膨大期。此期正处在高温、长日照季节，叶片生长受到抑制，相对生长率和吸肥强度下降，但生长量和需肥量仍缓慢上升。随着叶片的进一步衰老，根系也加速死亡，需肥量减少，鳞茎的膨大主要由叶片和叶鞘中储藏的营养转移供应。

三、不同种类肥料对洋葱生长发育、产量、品质的影响

洋葱对营养元素的吸收量以钾最多，氮、磷、钙次之。在储藏养分的鳞茎中，营养元素含量的顺序是钾＞氮＞磷＞钙。大量试验资料表明，平均每生产1 000千克洋葱，需从土壤中吸收氮1.98千克、磷0.75千克、钾2.66千克，其比例为2.6∶1∶3.5。氮的吸收量尽管少于钾，但氮对生长发育的影响最大；磷的吸收量虽然少，但磷对生长发育的影响仅次于氮。

（一）有机肥

施用猪粪和鸡粪等有机肥不仅能促进洋葱植株的生长发育，还

可以有效改善洋葱鳞茎中的可溶性总糖、维生素C、可溶性固形物含量，提高糖酸比和洋葱油的含量，当每667米^{2}施入4 500千克猪粪时，洋葱油含量可达0.0115%。由于有机肥是一种完全肥料，能为洋葱生长提供大量元素和微量元素，所以施用有机肥有提高采后洋葱储藏品质的作用。试验表明，在各种有机肥的施用量中，鸡粪的施用以中施入量水平为好，每667米^{2}施入3 000千克；猪粪以高施入量水平最佳，每667米^{2}施入4 500千克为宜。

(二)氮　肥

氮对洋葱叶片的生长、鳞茎的膨大和产量的提高均有极大影响。洋葱在整个生长期间，吸收氮素较多，氮素不足，洋葱生长会受到抑制，外叶黄化、枯死，先期抽薹率高，鳞茎膨大不良；但氮素过多，洋葱生长发育也会受到抑制，外叶尖端枯死，植株易感病害，鳞茎易腐烂，储藏性能下降。

(三)磷　肥

磷可以提高洋葱叶片的保水性能，增强光合作用强度，增加维生素C的含量，增强植株过氧化酶的活性，提高鳞茎产量和品质。洋葱根系对磷的吸收性较弱，在缺磷的土壤上，会降低产量。苗期磷肥充足，有利于根系生长，并能增加根部比重，提高发根能力，减少移栽定植时伤根。磷肥不足时，根和叶的生长发育均不良，最终鳞茎膨大也不好。生育初期，一旦缺磷，对生育的不良影响是以后施磷无法弥补的。氮、磷肥过多，也容易引起鳞茎的病害。

(四)钾　肥

钾是洋葱吸收量最多的元素，而且从老叶向新叶的转移性强。钾对洋葱养分的运转和促进鳞茎膨大等都有积极的影响。在营养生长期，钾的影响相对较小，但在鳞茎膨大期钾素缺乏对鳞茎膨大有显著的不良影响。缺钾植株外叶从先端干枯，叶片最初变为灰色，以后变为淡黄色而枯死。缺钾植株不但会降低产量，而且易感病，鳞茎不耐储藏。

（五）钙　肥

钙在洋葱的营养吸收中超过磷。钙在洋葱体内移动性差，不足时，根和茎的生长点坏死，伴随着碳水化合物的不足，鳞茎形成不良，品质下降，耐储藏性差。缺钙还会影响磷肥的肥效。

（六）硫　肥

硫是 B 族维生素及烯丙基硫化物的成分，多施硫对提高洋葱的品质及风味有着重要意义。硫不足时，叶变黄，生育不良。

（七）镁　肥

镁是叶绿素的成分，缺镁时，叶失绿黄化。在干燥、多氮、多钾的土壤中，钙和镁的吸收受阻，土壤湿度大，也会影响镁的吸收。

（八）微量元素

洋葱对微量元素的需要量虽少，但对洋葱的生长发育影响却很大。锰不足时，植株容易倒伏，产量降低；铜不足时，叶鞘变薄，鳞茎外保护叶叶色变淡。但锰和铜元素吸收过多，也会显著抑制发育而成为肥害。硼不足时，叶片发育受阻，鳞茎不紧密，而且容易发生心腐病。在多氮、多钾的情况下，硼的肥效提高。土壤干燥时，硼吸收不良。据试验，洋葱对硼的吸收量远远少于大蒜，但叶片中的硼含量又远远高于鳞茎。与大蒜相比，洋葱不易因硼过多而使鳞茎产量明显降低。

四、营养元素失调症状及防治

(一)缺素症状及防治

1. 缺氮症 如果氮素不足，洋葱生长受到抑制，先从外叶开始黄化，严重时会枯死，但根系仍保持生活力。在植株营养体(叶和鳞茎)形成初期，对氮素的要求较高，这时也是需要氮素的关键时期。进入鳞茎形成期后，如果氮素供给不足，将使鳞茎肥大生长不良，外形瘦长，甚至肥大生长期受到抑制，不能充分发挥其固有的丰产能力。

2. 缺磷症 磷对洋葱幼苗期的发育十分重要，可以直接影响株高和叶数的增加，甚至根系也会因缺磷而发育不良。在鳞茎肥大期缺磷，也会减产。

3. 缺钾症 洋葱苗期缺钾，当时不表现出明显的症状，但对以后鳞茎的肥大会有影响。如果鳞茎肥大生长期缺钾，不仅容易感染霜霉病，还会降低储藏性。

4. 缺钙症 洋葱对钙肥吸收不足，则根部和生长点的发育功能会受到影响，组织内的碳水化合物也会降低，从而影响鳞茎的生长和品质，这也是导致发生心腐病和肌腐病外部鳞片腐烂的直接原因。

缺钙一般表现：生长点即根尖和顶芽生长停滞、根尖坏死、根毛畸变；幼叶失绿、变形，常呈弯钩状，叶片皱缩，叶缘卷曲，黄化。

5. 缺镁症 洋葱缺镁的症状是嫩叶先端变黄，继而向基部扩展，以至枯死。如果发现缺镁，可在叶面喷洒1%硫酸镁溶液，经2～3次后即可收到显著效果。但这种方法是应急措施。

6. 缺硫症 洋葱缺硫叶片变黄，生育不良。另外，硫是B族维生素和烯丙基硫化物的成分之一，这足以说明洋葱需要一定的硫。

施用硫酸根化肥（如硫酸铵），可以收到一举两得的效果。

7. 缺铜症 洋葱缺铜，鳞茎外皮薄、颜色淡。在泥炭土地带曾发生过缺铜的报道。采取每 667 米^2 施用 8～22 千克硫酸铜的措施后，鳞茎外皮增厚，颜色转深，鳞茎结实。

8. 缺硼症 洋葱缺硼叶片弯曲、生长不良，嫩叶发生黄色和绿色镶嵌，质地变脆；叶鞘部分发生梯形裂纹。鳞茎则表现疏松，严重时发生心腐病。防治方法：叶面可喷洒 0.1%～0.3%硼酸溶液。在土壤中补施硼，每 667 米^2 可施用硼砂 1 千克。

（二）过量施肥的危害与防治

1. 氮素过剩 如果氮素吸收过剩，则叶色深绿，发育进程迟缓，叶部贪青使鳞茎延迟成熟，而且容易感染病害。一般土壤中氮素在 0.084～0.168 毫克/千克，就容易发生生理障害。因为当氮素供给过多时，由于鳞片内水溶性氮积累过多，就表现出缺钙，也就容易发生心腐病（内部鳞片缺钙而腐烂）和肌腐病。

2. 磷素过剩 磷素吸收过剩，则鳞茎外部的鳞片会发生缺钙，内部鳞片会发生缺钾，鳞茎盘（底盘）会表现缺镁，肌腐、心腐和根腐等生理病害也随之发生。

3. 钙过剩 钙如果吸收过量，会导致微量元素失调。

五、洋葱的施肥技术

洋葱生育期长，又是喜肥作物，总的施肥原则是：分期分次施肥，各种营养元素平衡供应。洋葱施肥可分为基肥和追肥，一般不施用种肥。在幼苗期有时也进行根外追肥。

(一)基 肥

1. 苗床基肥 在苗床整地时,每 667 米^2 应施用有机肥 2 000～3 000 千克、三元复合肥 5～10 千克,作为苗床基肥。施用前将田间表土与有机肥分别晾干、打碎、过筛,然后混合均匀,再填入苗床。苗床施用氮肥或磷肥对幼苗生长及以后鳞茎发育均有明显的促进作用。施用钾肥影响不大,氮肥与磷肥,或氮肥与钾肥配合施用,对洋葱的促进作用明显,三者配合施用效果更显著。一般在育苗播种前 10 天,每 667 米^2 施用 N 6.7 千克,P_2O_5 14.7 千克,K_2O 4.7 千克,要与床土充分混合。苗床土增加磷肥施用量,可增加大苗比例,小苗及残苗比例下降,提高幼苗质量。

2. 大田基肥 每 667 米^2 施用腐熟有机肥 3 000 千克,三元复合肥 10～15 千克。氮肥、钾肥易于吸收,也易于淋失。可将氮肥用量的 1/3 作基肥使用,其余 2/3 在各生育期分次追施;钾肥可全部作基肥施用。磷肥分解慢,难吸收。可将磷肥施用量的 2/3 作基肥施用,其余 1/3 可在第一次追肥时施用。氮肥作基肥时,可结合土壤耕翻时撒在犁沟内,或用水稀释后施入犁沟内,并立即翻压盖土。试验证明,将氮肥直接施入土壤中,可大大减少氮肥的挥发、淋溶损失,肥料利用率可比表面施用提高 10%～30%,并且供肥平稳均衡,后劲大,有利于提高根系的吸收能力,增产效果显著,增产率为 10%～20%。磷肥要分层施用,浅层施,在 5～7 厘米处,耕翻后将磷肥均匀撒在耕翻的垡头上,耙耢后磷肥即可均匀地分布在浅层上;深层施,在 10～20 厘米,可在耕翻地前,将磷肥均匀地撒在地表面上,耕翻时,将肥翻入深层。磷肥分层施用,供磷均匀。浅层施可供苗期吸收利用,深层施可供中后期吸收利用。钾肥可与有机肥混合,作基肥施用。钙、硫、镁、锰、铜、硼等微量元素作基肥施用时,可与细干土或有机肥混合均匀,撒施在地表面,耕翻地时,翻入犁底作基肥。

(二)追　肥

洋葱追肥分育苗期追肥和移栽定植后追肥。育苗期追肥多施用速效性肥料,大田追肥可施用速效性或迟效性肥料,移栽定植后未进入旺盛生长以前,可追施厩肥或堆肥。尤其是秋栽洋葱,越冬前常施用有机肥如牛、马粪等,增加洋葱的覆盖保护,提高其越冬能力。洋葱追肥要以氮肥为主,配合施用适量的磷肥和钾肥以及钙、镁、硫和各种微量元素。常用的化肥有硫酸铵、尿素、过磷酸钙、硫酸钾、磷酸二氢钾、硫酸铜、硫酸锰、硼砂等。有机肥有墙土、炕土、厩肥、堆肥和饼肥等。

1. 育苗期追肥　洋葱育苗期管理的主要任务是培育壮苗,既要防止秧苗过大而导致先期抽薹,又要避免幼苗徒长或生长过分细弱。壮苗的标准是:冬前具有 3～5 片叶,12～15 厘米高,茎粗直径约 0.5 厘米。若基肥充足,育苗期间可不追肥。若幼苗黄瘦,可结合浇水,每 667 米^2 追施尿素 5～10 千克。在定植前 20 天左右,若幼苗生长不良,可再轻追 1 次肥。

2. 定植后追肥　洋葱移栽定植后进行分期适量追肥,能促使植株生长健壮,提高产量。秋栽洋葱,移栽定植后,要立即浇 1 次缓苗水,促进根系恢复生长,迅速缓苗,以利于安全越冬。在小雪节气后、土壤封冻前,浇 1 次越冬保苗水,浇水后 3～5 天,在地表面铺盖一层捣细的土杂肥,每 667 米^2 施 3 000～4 000 千克。也可盖一层麦穰或炉灰土,以保墒保温,防止幼苗受冻,使幼苗安全越冬。翌年惊蛰以后,幼苗进入返青期,结合浇返青水,巧追催苗肥,促使叶片生长。要以追施速效性氮肥和腐熟的有机肥为主,适当增施草木灰。每 667 米^2 追施腐熟有机肥 1 000 千克左右、三元复合肥 10～15 千克。若基肥施磷、钾数量不足,可加施磷酸二铵 25 千克左右、硫酸钾 8～10 千克。洋葱返青后,随着气温的逐渐升高,植株进入叶部旺盛生长

期，鳞茎也开始膨大，需肥量增加，可进行第二次追肥，即追施发棵肥。发棵肥可追施腐熟有机肥 1 000～1 500 千克、三元复合肥 10～15 千克。追肥后要及时浇水。鳞茎膨大期，叶片和鳞茎都处在旺盛生长时期，需肥量大，是追肥的关键时期，要追施“催头肥”。此期追肥对洋葱获得高产极为重要。可进行 2 次追肥，一次在小满前后，每 667 米^2 追施氮、钾水溶肥料（20－30）5～10 千克。鳞茎膨大盛期可根据土壤肥力和洋葱生长需要，进入第二次追肥，即“补充追肥”，每 667 米^2 追施氮、钾水溶肥料（20－30）5～10 千克，保持鳞茎持续肥大。但施肥量不宜过多，尤其是施肥期偏晚时，施肥过多，会引起贪青晚熟，遇到气候冷凉，会因其内部的生长，而导致鳞茎变形。

洋葱生长期较长，在施肥中应根据土壤状况，注意不同施肥期施肥量的分配。对保水保肥力差的沙质土壤，施肥应多次少量；对保水保肥力强的土壤，肥料可适当集中施用。在施肥数量相同的情况下，氮肥施用时期会影响鳞茎的成熟期。在播种前施用氮肥，成熟期最早；播种前和播种后各施一半氮肥，成熟期次之；播种后施用氮肥，其成熟期最晚。洋葱的追肥次数和时间，因不同土壤、不同地区和不同季节应有区别，但发棵肥、催头肥是不可缺少的。若 2 次追肥，以定植后 30 天和 50 天追施的增产效果最大。若 1 次追肥，宜在定植后 30 天或 50 天施用，追肥过晚，将会降低施肥效果。不同种类肥料的适宜施用时期也完全不同，氮肥和钾肥适宜的施用时期，一般在鳞茎膨大初期。缺氮时，对洋葱叶部干物质积累有显著影响。缺氮时期越早、时间越长，对干物质积累的影响就越大。施用氮肥能使干物质积累增加，施用时期越早、持续时间越长，干物质积累就越多。磷肥吸收慢，肥效长，不但苗期施用有很好的肥效，而且在定植后多施，也有利于产量的提高，但磷肥应尽量早期施用。

洋葱的追肥，一般采用沟施，也可水施。在洋葱生育前期，当植株还小时，化肥可顺行开沟埋施，或结合浇水，顺行撒施；堆肥或厩肥等农家肥，可顺行撒施。生育后期，植株生长繁茂，为了减少田间作业伤害植株和叶片，化肥可顺水施用。

洋葱施肥要注意与其他技术措施相配合。在定植初期，施肥后，要与中耕相结合，以促进根系的生长发育和营养的吸收；后期施肥应注意及时浇水，以提高肥效，减少肥料损失。

参 考 文 献

[1] 乔红霞，汪羞德，朱爱凤．化学肥料减量及有机肥施用对大葱产量和品质的影响[J]．上海农业学报，2005(2)．

[2] 李祥云，宋朝玉，王瑞英．不同畜禽粪肥及不同用量对大葱生长的影响[J]．中国土壤与肥料，2006(6)．

[3] 陆帼一，樊治成，杜慧芳．不同生态型大蒜品种生态特性研究——Ⅲ温度和光周期对大蒜抽薹的影响[J]．中国园艺学会成立70周年纪念优秀论文选编，1999．

[4] 刘景福，成瑞喜，徐芳森．磷肥对大蒜产量和品质的影响[J]．湖北农业科学，1995(6)．

[5] 杨凤娟，刘世琦，王秀峰．不同品种及微肥对鳞茎中大蒜素含量的影响[J]．山东农业科学、2004(4)．

[6] 浙江农业大学．蔬菜栽培学各论(南方本)第二版[M]．北京：农业出版社，1980．

[7] 中国农业科学院蔬菜花卉研究所．中国蔬菜品种志第一版[M]．北京：中国农业科技出版社，2001．